識認
場真
28

好好問ChatGPT

問對問題，精確提示，
讓生成式AI幫你構思工作新點子、
規畫美好生活

The ChatGPT Revolution

How to Simplify Your Work and
Life Admin with AI

Donna McGeorge

唐娜·麥克喬治——著 龐元媛——譯

國內、外各界專家好評推薦

問對了，才能找到好答案。想要深入了解 ChatGPT，先來看看這本書吧！

——鄭緯筌　《1分鐘驚豔 ChatGPT 爆款文案寫作聖經》作者

如果你是個想試試 ChatGPT 卻又不知從何開始的人，這本書很適合你。作者試著將其運作原理與使用方法，用淺顯易懂的文字寫出來。現在就跟著作者的腳步，一起來使用這個新奇的工具吧！

——姚侑廷　姚侑廷的自學筆記粉專版主

此書教導的方式簡單、實用，讓初學者的我也得以快速上手。書中有一些職場上和生活中的應用實例，令我大開眼界，馬上試用！

——愛瑞克　《內在原力》系列作者／TMBA共同創辦人

我從未如此興奮地想見證一項革命性的產品！ChatGPT 已大幅改善我的工作效率，幫助檢討成效與規畫未來。就像是書中所說的，ChatGPT 正提高我們的生產力，也預示著AI解放勞動的未來。

——Wade Kuan　鏈新聞主編

AI是未來也是現在，懂得跟AI合作的人將使自己的人生與工作發展再次進化，千萬別再錯過這次翻轉未來的機會了！

——鄭俊德　閱讀人社群主編

使用 ChatGPT 的這半年，工作上已經無法沒有它，平常寫文章、資料整理都有它幫忙！這本《好好問 ChatGPT》，就像是本寶典一樣，教大家怎麼更有效率使用 ChatGPT，不管是職場或生活大小事，都能更快速上手！真心推薦給所有想玩AI的朋友！

——蘋果妹　AI應用科技 Youtuber

ChatGPT已經成為許多行業正在考慮的助手，如何問對問題將成為未來工作者的一門基本學問，不想要被AI淘汰，就必須搶先發問！

——張繼聖　T客邦總主筆

ChatGPT幫我抓出網站程式碼的Bug，也幫我寫部落格文章，又幫我校稿英文郵件，善用AI工具，就算你是一人創業也能取得大成功！

——劉奶爸　網路創業家／昇捷科技公司創辦人

問對問題，一切皆有可能。只要掌握提問技巧，就能引領AI幫助你創新與成長！就讓《好好問ChatGPT》成為你的最佳AI提問拍檔吧。

——林長揚　簡報教練／暢銷作家

每一家企業或組織的每個成員，都需要這本談 ChatGPT 和 AI 的書，提高他們的生產力。透過這本書，我已經將 ChatGPT 運用在社群媒體的內容規畫、分享故事，並讓我的顧客感到滿意。這些原本需要幾個小時完成的工作，有了 ChatGPT 只要幾分鐘就完成了。有了聰明的提問方式，我有更多的時間來優化工作。

——Jane Anderson　《富比士》雜誌作家／獲獎企業顧問

作者在書中分享了如何激發 ChatGPT 潛力的多種方法。她以實際的例子闡明怎樣讓這工具的效益最大化，節省我們最寶貴的時間！

——Dr Kristy Goodwin　演說家和作家

我原本以為自己很了解 ChatGPT，讀了這本書超震撼的，收穫非常多。書裡有許多例子、提示、技巧，可以讓你開外掛般應用 ChatGPT。

——Anne-Marie Hyde　ACA共同創辦人

這本書是給想提高效率、節省時間的人。書中實用的技巧可以協助你管理許多日常生活和工作上的大小事，例如旅遊規畫和寫信。

——Dinah Rowe-Roberts Life Admin Hacks 共同作者

無論在生活上或工作上，如果你想知道運用 ChatGPT 和 AI 的祕密，這本書必讀！不管你對這項科技熟不熟悉，作者提供了實用的突破方式，把它的效率發揮到最大化。

——Amy Yamada Coaches & Entrepreneurs 企業教練

目次

前言

我寫過幾本關於生產力的書，因為我的志向，是讓大家能有更多時間，經營人生最重要的事。我寫書的構想，來自我與企業人士的談話。我請他們分享，是哪些因素害得他們在生活與工作上無法做到最好。

所以，我先前寫的書，談的都是如何開會、規畫生活，以及創造思考與呼吸的空間。

出版社找我，要我寫一本探討人工智慧（AI）、更具體地說是ChatGPT如何幫助我們提高生產力的書，我馬上想到企業人士與我討論過的問題。

除了以上三個主題外，我經常聽到的幾個問題（或許日後也會寫書探討）包括：

- 授權
- 決策
- 電子郵件
- 資訊超載
- 管理工作
- 生活管理

我相信問題還有很多很多。就是這些事情害得我們無法做「真正」的工作。這些事情沉悶乏味，沒什麼價值，尤其是那些我們並不常做的事情。舉個例子，你上次必須做下列事情是什麼時候？

- 寫徵才啟事與工作內容介紹
- 寫給公司新進員工看的政策或程序
- 從零開始做一份簡報或提案
- 處理客戶申訴

・規畫一項活動

我們很少做這些事，但難得要做，就要花不少時間，尤其是從零開始。這些事情也很難授權，因為（一）你不常做，所以（二）你自己來還比較省事，也比較快。

ChatGPT 能幫我們搞定乏味的工作，從此再也不必為了那些無趣、重複又讓人提不起勁，卻又不能不做的工作煩惱。這些工作害得我們沒時間做更有價值的工作，也妨礙我們與家人相聚，或是享受努力的果實。

無論你的職位高低，現在的你，會有一位虛擬助理、實習生，或是支援人員，幫你打理這些乏味的工作，而且速度比你以前快上百分之五十。

麻州理工的一項研究發現，人類與 ChatGPT 合作，生產力提升了百分之三十五至五十，品質也提升百分之二十五。

現在的問題是：**你需不需要外力協助，簡化你的生活與工作，好讓你有更多空間時間？**如果需要，那就請繼續看下去。

這麼多空閒時間要拿來做什麼？

辛勞的目的是休閒。

——亞里斯多德

因此，人類從出生至今，首度面臨一個真實且永恆的問題：如何運用擇取柴米油鹽之外的閒暇時間，如何利用科學與複利為他贏來的休閒時間，明智地、愉快地、好好地生活。

——約翰·梅納德·凱因斯

幾百年來，從印刷機到吸塵器，科技進步之下的種種發明，都是為了讓我們享有更多休閒時間。結果卻是讓我們投入更多的時間在工作上。

奧利佛·伯克曼說，我們注定要在地球上生活四千個禮拜左右。我覺得這一點值得認真看待，也讓我想到自己終會殞滅的生命，進而聯想到：「我的時間越來越少，所以最好善用剩餘的時間。」

現在就該運用人工智慧、ChatGPT 之類的新科技，實現擁有更多休閒時間的目標。

關於 ChatGPT 與人工智慧，目前流傳許多說法，也許你也聽過幾種。但你之所以拿起這本書，是因為你可能不了解 ChatGPT 的作用，也不明白 ChatGPT 能如何幫你找回寶貴的時間。

這本書要帶你穿越種種喧囂，告訴你如何增強生產力。

現在很多人已經在使用 ChatGPT 做下列這些事：

- 不知如何撰寫的電子郵件
- 流程圖
- 說明手冊
- 簡報大綱

- 工作內容說明
- 應徵工作
- 管理工作
- 總結、分析大量資訊
- 產品說明
- 內容、文章，以及部落格文章

也許你正納悶，那我也可以告訴你，是的，有些人也會用 ChatGPT 寫書（我稍後會談到這個）。

ChatGPT 與人工智慧的問世，代表電腦了解人類語言，並且回應的能力大有進步。ChatGPT 與人工智慧，也許能讓人類與科技互動的方式更為自然。

就像任何新科技，或是可以節省時間的應用程式，總是會有「製造出來的工作比省去的還多」的風險。電子郵件照理說應該能讓我們的生活更輕鬆，卻演變成許多人的夢魘。這讓我想起德文字 Verschlimmbesserung，意思是「弄巧成拙」。

只要善用 ChatGPT，就能釋出更多寶貴時間做其他事情，所以，我認為真正的問題是：**你要如何運用空出來的時間？**科技越來越進步，許多工作也得以更迅速、更輕鬆完成，所以我們要自行決定，該如何運用空出來的閒暇時間。

免責聲明：在繼續看下去之前，要知道這些科技變化極快，而且經常出錯。即使在我寫這本書的過程中，科技也一直在變，各界對於新版本與新的應用程式會有哪些新功能，也有不少揣測。ChatGPT 科技成長速度之快，也許這本書還沒上架，書裡介紹的某些概念就已過時。儘管如此，這本書介紹的基本知識，主要是一些核心策略，告訴你如何將人工智慧，更具體地說，ChatGPT 的作用發揮到極致。

沒有時間可以浪費。

現在就加入這場變革。

如何使用本書

這本書的風格，就跟我主持網路研討會、工作坊、企業課程，以及實作課程的風格相同。不僅實用，也易讀有條理。你可以按照書中的建議，迅速改變你的工作方法，做出一些簡單卻實質的改變。

這本書並不是攜帶不便的大部頭，也不是你會放在床頭、桌上累積咖啡杯污漬的書。內容有很容易上手的訣竅、真實故事、許多明智的建議，另外還會提出一些問題，引導你思考現在的工作方式，ChatGPT 可以讓你工作更輕鬆、更省力，以及讓你熟悉使用技巧的實作練習。

至於如何使用這本書，我的建議是設定一個簡單、可達成的目標。先從簡單的開始接觸，再逐漸進階到較大的概念。看完這本書，找出一、二個你非常認同的概念，立刻開始實踐。（等到你發現其實很簡單，你就會感謝我。）

第一部簡短介紹什麼是 ChatGPT，以及人工智慧（AI）與機器學習（ML）的漫長發展史。你可能沒發現，但其實你在日常生活中，已經常常使用人工智慧與機器學習。我們也會告訴大家，為何要保有一份好奇心，把握機會認識 ChatGPT 以及其他人工智慧與機器學習科技。這些科技不會消失，會一直存在。我們現在就該上車。

第二部介紹一些適合 ChatGPT 初學者的實用策略，讓你在職場、家中都更有生產力。想像一下，身邊有一位永遠不會離職的實習生或虛擬助理，幫你處理一些乏味的事務。這就是 ChatGPT 的作用！

希望你在閱讀這本書的過程中，也能牢記我的已故良師益友羅傑·迪納的忠告。他告訴我：「什麼也別相信，什麼都要測試、嘗試。」我牢記這句話，所以，即使面臨負面言論、吹牛、說教，也能保有好奇心。

這樣說可能有點奇怪……但我也奉勸你不要相信我在這本書說的每句話。希望你對 ChatGPT 感到好奇，自己探索，就能親自體驗 ChatGPT 的功能與侷限，還能進一步探索它的潛在用途。

你在閱讀的過程中，會發現我的語氣有時有點俏皮，那是因為人生與工作那麼重要，我們不應該太嚴肅看待。而且讀一本書應該是一種樂趣，而不是痛苦！

所以，請你閱讀這本書，親身實踐、試試書中的概念，盡情沉浸在其樂無窮的人工智慧、機器學習，以及 ChatGPT 的世界！

第一部
一探究竟

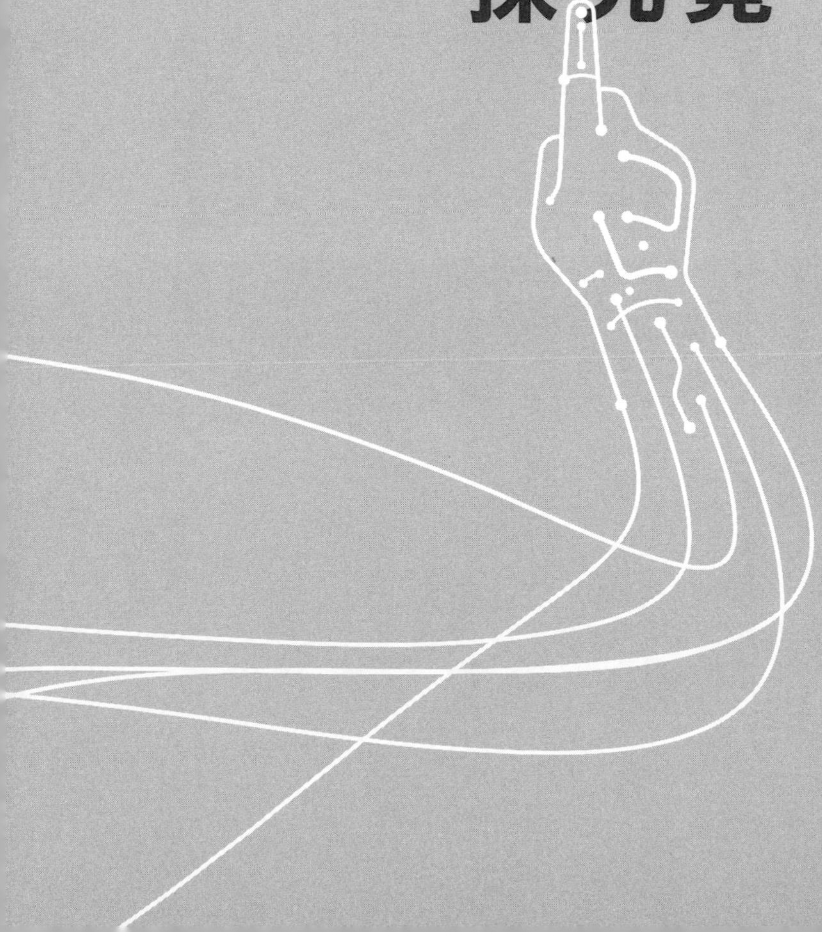

愛因斯坦、你家的汽車，還有非洲牛羚的共同點是什麼？不是，我不是要講老掉牙的笑話，答案是全球定位系統（GPS）。全球定位系統的原理，就是愛因斯坦的相對論。全球定位系統能引導我們從甲地開車到乙地，還能追蹤動物在地球的遷徙模式，包括牛羚、北極燕鷗，以及大翅鯨。

你覺得愛因斯坦站在寫滿四塊黑板的數學算式前，將這些算式簡化為 $E=mc^2$ 的時候，心中想的是追蹤鳥類的遷徙模式嗎？不可能，但現在的我們就是如此使用。

在很多人心目中，愛因斯坦是史上最聰明的科學家之一。他畢生在難以滿足的好奇心驅使之下，不斷探索我們對宇宙的基本知識。

是他的好奇心，以及他的後進的好奇心，現在的我們才能使用這種神奇的科技，不只是用於汽車，也用於我們隨身攜帶的智慧型手機。

你可能不知道，全球定位系統其實是在二〇一〇年才普及，如今卻已徹底融入我們的生活。沒有全球定位系統，我們就無法搭乘共乘車，無法得知現在幾點，也無法規畫在好天氣的日子裡野餐。

人工智慧（AI）以及ChatGPT之類的應用程式就像全球定位系統，也會繼續演進。至於究竟會發展出多少用途，未來又會與我們的生活有多緊密，目前還不得而知。就連在我寫這本書的期間，這些科技也是日新月異，很多人都在分享自己如何使用人工智慧。各種用途出現得太快，我都來不及學。

促使我繼續前進，讓這本書得以抵達你手中的力量，是樂於接受新事物的開明胸懷，還有好奇心。

好奇心是我們得以進步，能夠了解新科技的關鍵。

坦白說，當今的世界，科技發展的速度是前所未有地快，所以要時時掌握最新知識並不容易。我們連電子郵件、行事曆上的待辦事項都忙不完了，哪有時間搞懂每一項新發現！

你要抽出一些時間，研究ChatGPT與人工智慧整體的好處，也研究如何運用 ChatGPT 與人工智慧，簡化你的工作與生活，說到底就是節省時間。建議你試試下列幾種作法。

騰出時間研究這項新科技是什麼，大概只要一小時就夠了。

閱讀不同觀點的文章，與同仁一起討論。

思考你能將 ChatGPT 應用於哪些地方，就會更了解它對你而言有哪些用處。

要有自己的看法。現在關於 ChatGPT 的資訊不少，這些資訊反映許多不同的觀點。要自行判斷 ChatGPT 對你而言有多實用（或是無用）。

現在，我們且來看看該如何運用 ChatGPT，讓工作與生活更輕鬆。

第一章
什麼是 ChatGPT？

我的好友珊珊向來是社群媒體的愛用者。她是臉書、Instagram 這些應用程式的元老級使用者。總之一有新科技推出，她就立刻上車。她還是第一個向我問起 ChatGPT 的人。

她在社群媒體上，喜歡與親朋好友分享她的想法、照片和最新訊息。但她有一天滑著動態訊息，卻覺得不太對勁。

她收到的動態訊息，總是夾雜著廣告與廣編訊息。她感到不解的是，每一則廣告與廣編訊息，都與她一拍即合。她每看到一則，都想按下「購買」，感覺有點失控。

社群媒體平台似乎比她更了解她自己。

珊珊並不知道，臉書大約從二〇一三年開始，變得很清楚該將什麼樣的內容推送給哪些使用者。

數位行銷公司 Power Digital 在二〇一三年寫道：

最新的演算法，可將各品牌提供的較有組織的內容，推送給使用者。使用者只會看到自己感興趣的貼文。演算法分析一千多項因素，目的是要推送優質內容。

你可曾有這樣的經驗：瀏覽著社群媒體的動態訊息，突然一則廣告彈出，推銷的內容似乎超級適合你？也許是你一直想買的產品，或是早就想試試看的服務。

這就是許多社群媒體的人工智慧與機器學習（ＭＬ）演算法的原理。依據你的活動，以及和你有關的人的活動，推送最適合你的內容、產品，以及服務。

人工智慧與機器學習如今相當普及。從智慧型手機的個人助理，到建議你看哪些電影、買哪些產品的推薦引擎，都離不開人工智慧與機器學習。下列是一些人工智慧與機器學習在日常生活的應用：

- 包括亞馬遜在內的線上零售商，使用機器學習演算法，依據你的購買紀錄與瀏覽行為，向你推薦其他產品。舉個例子，你在亞馬遜買了一本書，亞馬遜網站可能會向你推薦類似主題或風格的書：「你喜歡 The ChatGPT Revolution，就有可能也喜歡唐娜．麥可喬奇的其他著作。」
- Siri、Amazon Alexa，以及 Google Assistant 之類的虛擬助理，使用自然語言處理（NLP）技術，理解口頭與書面提示，並做出回應。虛擬助理也能完成簡單的工作，例如設定提醒訊息，或播放音樂。
- 線上客服越來越倚重的聊天機器人，以人工智慧模擬人類對話，協助使用者。舉個例子，你上網購物若需要協助，聊天機器人能回答你的問題，在購物流程中給予你必要的協助。

- 自動駕駛車有感應器、攝影機，以及機器學習演算法，所以能釐清方向，避開障礙。這些演算法經過大量資料訓練，包括道路交通號誌圖片、交通模式，以及天氣狀況。
- 醫學研究人員運用機器學習演算法，分析蘊含病患資訊的大型資料集，同時也找出模式，提升診斷的精確性。機器學習演算法診斷某些疾病的精確性，甚至優於真人醫師。

然後就出現了 ChatGPT。

等一下……什麼是 ChatGPT？

我們就開門見山，聽聽 ChatGPT 本尊怎麼說：

範例提示：請說明 ChatGPT 是什麼。

ChatGPT：ChatGPT 是一款精密的電腦程式，使用一種名為自然語言處理的人工智慧，以理解人類語言，並做出回應。ChatGPT 經過大量文字資料訓練，能回應多種問題與主題。

ChatGPT 有點像一位虛擬圖書館員，閱盡世上最大圖書館的每一本書。你詢問每一個主題，它都能回答。

ChatGPT 名稱裡面的 GPT，代表「生成式預訓練轉換模型（generative pre-trained transformer）」，也就是 ChatGPT 所依賴的類神經網路架構的名稱。

類似一個智慧型機器人，能跟人類說話，也能回答人類的問題。

你應該知道，你可以請 Siri 或是 Alexa 說個笑話，或是播一首歌給你聽？ChatGPT 使用類似的科技，而且功能遠不只這些。ChatGPT 作為一個語言模型，經過大量資料訓練，能理解類似人類（自然）的語言，也能生成這樣的語言。

所以 ChatGPT 可以理解以自然語言表達的問題或提示，並且同樣以自然語言，做出近似人類的回應。

ChatGPT 受過多種主題的訓練，從簡單細微的問題，到科學、歷史、政治這些較為複雜的主題都有。ChatGPT 擁有大型資料庫，所以面對各種問題，都能給出詳細（但不見得百分之百正確）的答案。我們在第二章會討論正確度的問題。

你可以運用 ChatGPT，了解難懂的概念。生活上、工作上的事情，也可向 ChatGPT 求教。甚至可以純粹聊聊你感興趣的主題。

而且速度超快！我第一次使用 ChatGPT，資訊出現在網頁上的速度，就讓我大感驚奇。

ChatGPT 簡史

大家以為 ChatGPT 的應用是最近才開始，但 ChatGPT 背後的原則與科技，其實已經存在許久。

人工智慧與機器學習於二十世紀中期問世，至今已大有進步。「人工智慧」一詞雖然是在一九五六年首創，但人工智慧概念的問世遠早於此，是下列幾位先驅的心血結晶：

查爾斯·巴貝奇於一八二〇年代發明了差分機（一種計算器），以及一種名為分析機的早期電腦。差分機與分析機在許多人眼中，是現代電腦的曾祖父母，卻從未有實體問世，仍然啟發了一整個世代的電腦科學家與工程師。巴貝奇相信，機器除了簡單的計算之外，也能完成其他工作。他一心追求突破極限。

愛達·勒芙蕾絲的貢獻，是早在一八四〇年代，就發明史上第一種電腦演算法。她與巴貝奇合作，共同研發巴貝奇的分析機。她頗有遠見，認為機器有能力突破自身程式的侷限，學習並發展出智慧。她等於是第一個想出人工智慧的人！

艾倫・圖靈是世人眼中的人工智慧之父。他發明的通用圖靈機，能運算人類會做的所有計算。他也發明了圖靈測試，可評估機器能否展現近似人類的智慧。他的研究成果頗具開創性，也為現代人工智慧與機器學習的發展奠定了基礎。

快轉到二十一世紀，ChatGPT 是由一家名為 OpenAI 的研究機構研發。OpenAI 由幾位科技界最知名的人物創立，包括伊隆・馬斯克（於二〇一八年離開 OpenAI），以及山姆・阿特曼（現任執行長）。

OpenAI 的團隊想設計一款程式，能理解人類語言，也能以近似真人的語言回應。

他們研發出的語言模型的第一個版本叫做 GPT-2，於二〇一九年推出，面對各種提示、問題或陳述，都能生成很好的回應。有人擔心這種科技會被用於散布假新聞與宣傳，所以 OpenAI 並沒有立刻推出完整的版本。

下一個版本 GPT-3 於二〇二〇年推出，比 GPT-2 更理想，更精密，也更強大。GPT-3 不但能生成語意連貫的文字，還能進行創意寫作，撰寫電腦程式，大大節省了我們日常生活各項作業所需的時間。

ChatGPT 於二〇二二年十一月三十日開放一般民眾使用，使用的作業模型是 GPT-3.5。GPT-3.5 在推出之時，是全球最大的人工智慧語言模型，參數多達一千七百五十億個，因此能完成許多任務，包括翻譯、撰寫摘要、回答問題。成品只需要稍作潤飾，無須大幅調整。而且速度也超快！

ChatGPT 於二〇二三年三月中更新，使用火力更強的 GPT-4。GPT-4 運用大約一百兆個參數，所以不只會寫文章，還能創作藝術與音樂。

GPT-3.5 與 GPT-4 的差異，就像沙灘上的沙粒總數，與全世界的沙粒總數的差異。所以無論是在工作上，還是在日常生活中，都能發展出許多新用途，大大減少例行瑣事，我們即可多出很多時間享受生活。

我覺得 ChatGPT 就像虛擬助理、同事或朋友，能幫忙你處理工作上的事，給你建議，也可以與你隨意聊天。

ChatGPT 經過大量文字資料集訓練，能理解以自然語言表達的問題，也能回應。正如圖書館員必須不斷閱讀新書，吸收新知，ChatGPT 也要時時更新、微調，才能給出最新且精確的答案。

ChatGPT 能處理大量資訊，生成近似人類的語言，因此能發展出無限用處。

我曾與一些人聊過，發現他們不知道 ChatGPT 與搜尋引擎的差異。要說明這種差異，最好的辦法是舉例。我在搜尋引擎輸入「使用馬鈴薯、起司與香料的素食料理」，會得到五千三百一十萬項結果。想找到合適的資訊，簡直像大海撈針。是不是很費時？

我若在 ChatGPT 輸入提示「請提供使用馬鈴薯、起司與香料做成的素食料理」，ChatGPT 則會告訴我需要哪些食材、烹飪的步驟。如果我要求，ChatGPT 還會給我一份購物清單。我若不喜歡 ChatGPT 的第一個回答（起司馬鈴薯塊的食譜），還可以請它再提供別的，直到找到我喜歡的為止。

現在先停下來想想，如果你身邊有一位專屬於你的圖書館員，能立刻送上你所需要的任何資訊，而且不需要查閱一堆書籍，也不需要一一爬梳搜尋引擎的結果，你的人生該有多美好。

這就是 ChatGPT 的力量，是專屬於你的虛擬圖書館員，蘊含豐富的知識，等著你發掘。

會不會只是短暫的熱潮？

ChatGPT 於二〇二二年十一月推出之後，短短五天已有一百萬名使用者。這是難能可貴的成就，尤其是其他廣受歡迎的線上服務，多半需要很久才能累積百萬使用者（見圖 1.1）。

想了解這種速度有多驚人，可以想想上一個最快累積百萬使用者的 Instagram，僅僅兩個半月，使用者就達到一百萬。Spotify 與 Dropbox 則是分別只用了五個月與七個月。

大多數的線上服務，累積百萬使用者所需的時間，確實比 ChatGPT 久，但要知道圖 1.1 所列出的企業當中，有幾家創立至今已超過十五年。所以，應該說隨著網際網路越來越普及，線上服務累積使用者的速度也越來越快。

在我看來，普及速度如此之快，就是第一項證據，證明了 ChatGPT 會以某種途徑、形態或形式，繼續存在。

ChatGPT 會繼續存在的第二項證據，是它很容易使用。要使用 ChatGPT，並不需要會寫程式，也不需要電腦科學的學位，只要會打字就好。如果你使用的是語音轉文字的工具，那即使不會打字也無所謂。

第三項 ChatGPT 會繼續存在的證據，是使用 ChatGPT 能大幅節省時間，工作、生活都會更輕鬆。

最後，ChatGPT 只會越來越進步。ChatGPT 自二〇二二年底推出以來，已經有所改良，與號稱更好的產品競爭，也與其他聰明無比、效率驚人的人工智慧應用程式競爭。

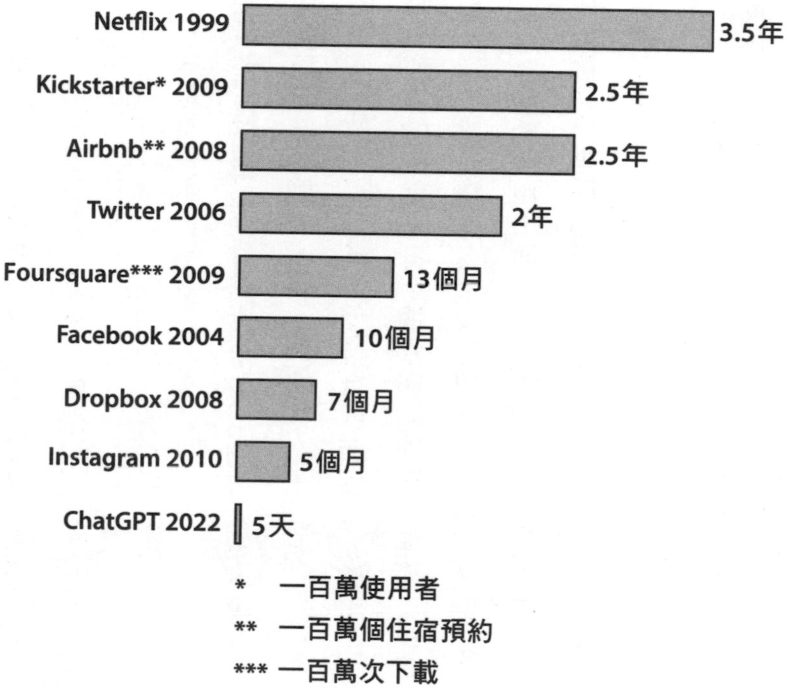

圖 1.1：累積一百萬使用者所需時間

資料來源：Statista，www.statista.com/chart/29174/time-to-one-million-users/

有些人認為自己不熟悉科技，學不會 ChatGPT。也有人擔憂 ChatGPT 對生活的影響。唯恐 ChatGPT 太複雜，唯恐自己缺乏妥善使用 ChatGPT 所需的技術，唯恐自己會出錯而弄壞 ChatGPT。

ChatGPT 是不會被使用者弄壞的。

這些新興科技越來越容易使用，使用的方式越來越簡單，越來越不需思考，ChatGPT 就是最好的例子。以一個運用人工智慧與自然語言處理，回答使用者的問題的精密模型來說，ChatGPT 可說是超級容易使用。

你唯一要做的，就是打字輸入你的問題或提示，ChatGPT 就能給你簡明扼要的答案。你不需要精通人工智慧與機器學習，就能使用 ChatGPT。這項科技的初衷就是要易於使用。而且，你若看不懂 ChatGPT 的答案，也可以請它將答案改寫成七歲兒童就能看懂的版本。

舉個例子：

提示：請說明核分裂的原理。

ChatGPT：所謂核分裂，是原子核分裂為二個或更多較小的核的過程。這個過程會釋放大量能量。核分裂的過程，通常是從中子撞擊原子核開始。

中子撞擊原子核之後，可能會被吸收，原子核也會因此變得不穩定，進而分裂成二個或更多較小的核，同時還會釋出幾個中子，以及大量能量。這些新釋出的中子會繼續撞擊其他原子核，引發連鎖反應，釋放更多能量。

（我已經暈了……無聊得很）

提示：請改寫成七歲兒童能看懂的版本。

ChatGPT：你玩過積木嗎？你可以把原子當成一塊積木。一塊積木是由幾塊小積木組成的。我們拿小小的顆粒對著原子打，原子就會裂開，變成小小的一塊一塊，還會發出很多能量。有點像你推倒堆得高高的積木，積木嘩啦啦垮下來。科學家用這個能量，就可以製造出我們在家裡用的電，但是科學家要很小心才行，要是出了差錯，是會很危險的。這跟火很像，火很好用，但一個不小心，是會被火燒傷的！

好。懂了！

ChatGPT 是正面的工具

有些人擔心科技對生活會有負面影響，覺得科技逐漸主宰他們的人生，他們越來越無力控制自己的時間與注意力。

對於那些「末日狂刷」社群媒體，也就是花很多時間在網上看負面消息的人來說，確實是如此。然而，其實很多人每天都會花很多時間做研究，無論是工作、學校課業，還是個人感興趣的事。現在我們有了 ChatGPT，可以簡化研究流程，節省寶貴時間。ChatGPT 可以馬上找到我們需要的資訊，還能整理得簡明扼要給我們看，我們就能把省下來的時間，用來做其他的事。

當然，我們也要記住，科技並不是能解決人生所有問題的萬靈丹。科技無法取代人與人之間的互動，當然也不可能解決我們**所有的**問題。不過，只要善加使用科技，生活就會更輕鬆，也會更有生產力，不必犧牲那些讓人生成為一種享受的事情。

找回工作與生活的平衡

現代生活最大的挑戰，是在工作與生活之間，努力達到一點平衡。很多人工作時間太長，犧牲了和至親、至愛相處的時間，也沒有閒暇去做能讓自己快樂的事。但 ChatGPT 之類的科技，能幫我們節省時間。

在其他方面，我們已經很熟悉那些可以簡化我們生活的科技，例如：

■ 使用預算應用程式，無論是記錄支出，還是管理財務，都更方便。

■健身應用程式能引導我們維持身材，保持健康的生活習慣。
■有了視訊會議工具，無論身在何處，都能與同事、客戶協作。

我們樂於接受科技，用於這些用途，就有更多時間與空間，去做對我們來說最重要的事。

二〇二〇至二〇二三年，遠端工作與在家工作帶給我們前所未有的彈性，很多人也因此更能兼顧工作與生活。有了視訊會議與雲端協作軟體之類的工具，隨處工作是前所未有地容易。在家工作就能免除長途通勤的壓力與疲勞。

我們不必花時間外出採買，只要使用線上購物服務，食物就會送到我們的家門口。節省下來的寶貴時間，可以做喜歡做的事，和至親、至愛共度，也可以純粹放鬆充電。

健身應用程式以及穿戴式科技，能讓我們即使在忙於工作或是其他要事的時候，依然記得運動、保持健康。我們記錄每日活動、設定目標，生活會更平衡，更健康，身心也會更健全。不過，我有時候聽見智慧型手錶又一次提醒我，起身行走二百五十步的時間又到了，我卻叫它閉嘴。

我們透過社群媒體平台、通訊應用程式，以及視訊會議工具，無論身在何處，都能隨時與親朋好友聯繫。我們抽出時間與親朋好友聯繫，就能經營穩固的關係，得到關愛也付出關愛，這也是我們能否健康快樂的關鍵。

這些科技沒有一項能取代人與人之間的互動。我相信 ChatGPT 之類的人工智慧工具，能讓我們有更多時間，做對我們而言最重要的事：面對面的互動，以及累積有意義的經驗，比方說規畫週末與朋友出行、參加家族聚會，或是到公園散步。我們似乎總是抽不出時間做這些事。

更重要的是，ChatGPT 能為我們打理生活與工作上的許多例行瑣事，因此是對抗過勞的一大利器。

與時俱進是值得的

科技（還有世界）不斷演進，每天都有新的工具以及應用程式問世。因此在當今快節奏的世界，必須與時俱進，才能維持生產力與競爭力。若是沒能與時俱進，就有可能落後，也會錯過新工具的種種好處。

掌握新科技，工作就會更有效率。舉個例子，微軟的 Windows 不斷演進，持續增添新功能。畢竟大家總不可能到現在還在用 Windows 95。

無論我們從事什麼職業，扮演什麼角色，在自己選擇的領域，都要與時俱進，保持競爭力。舉個例子，如果你從事行銷工作，你必須時時掌握最新的趨勢與工具，才能舉辦消費者認同的有效行銷活動。同樣的道理，金融業人士也必須熟悉最新的預算工具與軟體，才能提升客戶的理財績效。

要做到這些可不容易。現有的工具與應用程式實在太多，都不知道該從哪裡開始。

克服科技超載

想兼顧工作與生活，科技確實可以助我們一臂之力，但科技也有可能帶來壓力，讓我們分心。也許你和我不同，但我有時覺得被各種通知、訊息、提醒連番轟炸，難以保持專注，也很難維持生產力。

我們也必須了解，過度使用科技，不僅不利於身心健康，還會降低生產力，對人際關係也有害。

這些都再次提醒我們，設下界線確實很重要。例如可以限定自己只在某些時間查看電子郵件、使用社群媒體。需要專心做某件事的時候，就把通知關掉。盡量減少科技產品對我們的頻繁干擾。營造更能專注、更有生產力的工作時間。

要讓科技成為我們的助力。

ChatGPT 之類的工具，能迅速找到我們需要的資訊與結果。而使用傳統的搜尋引擎以及資訊查閱工具，則是容易陷在干擾與訊息提醒的汪洋大海中，迷失方向。

跟 ChatGPT 問這個問題感覺很奇怪，但 ChatGPT 宣稱能以下列三種方式，協助我們戰勝科技超載：

一、能建議我們如何管理科技、如何設下科技使用時間的明確界線，並減少科技超載所造成的頻繁干擾。

二、提供正念練習與訣竅，協助我們減輕壓力與焦慮，養成更專注的心態。

三、提供擴展人際關係的方法，例如與至親及愛人相聚、加入社會團體，以及參與社群活動。

我研究生產力多年，現在看著螢幕上 ChatGPT 提出的建議，也是點頭稱是。我們只要克服恐懼，養成成長與學習心態，與時俱進，就能善用科技節省時間、簡化生活，也就有更多時間能用於人生最重要的事情上。我們懂得設下界線，就不會迷失在科技之中，而是可以運用科技，豐富我們的人生。所以，無論是 ChatGPT、人工智慧，還是其他科技，我們都無需害怕，而是樂於接受，妥善運用，以創造自己想要的人生。

ChatGPT可以處理複雜的主題，但我們不應忘記，它終究是個機器，只能就程式設定所能獲取的知識範圍內，提供資訊給我們。很多人批評 ChatGPT 不夠精確，不夠「像人」。但我們應該要記住，ChatGPT 並不是真人。指望它像真人，根本是不切實際。

我知道你在想什麼。「我聽過關於 ChatGPT 與人工智慧的一些疑慮。究竟安不安全？」第二章會回答這個問題。

小而美的建議

ChatGPT 這個名稱有點難唸，所以不妨取個比較好唸的名字。我有個同事將它取名為查吉。我把我的取名為查理，有時候簡稱為查克。

文盲變文豪

搜尋引擎最佳化（SEO）顧問丹尼・里奇曼和水管工人班・惠特爾去年十二月認識，當時是惠特爾到里奇曼的家中修理漏水。兩人一見如故。里奇曼開始指點惠特爾擴展生意。感覺像是標準的「我倆如何結為好友」的故事，對不對？

惠特爾在里奇曼的協助之下，創立專門裝設游泳池的 Ashridge Pools 公司。但惠特爾有讀寫障礙，無法撰寫正式的電子郵件給客戶。

這時里奇曼靈機一動。他打算用 ChatGPT 的人工智慧工具，打造一款應用程式，將惠特爾的文字，改寫成正式的電子郵件。

最棒的是什麼？這款應用程式還能提升惠特爾的語言能力，因為他可以將自己寫的內容，與應用程式生成的結果比較。我覺得這就叫一箭雙雕。

舉個這款應用程式轉化文字的例子：

班寫的原始內容：喬禮拜屋（應為「五一」）會拿到你的報架（報價）——班

ChatGPT 改寫的內容：

親愛的喬

希望你一切都好。

我會在星期五將報價單寄給你。若有任何問題，或是需要詳細資訊，再請告知。

期待您的回覆。

祝好

班

里奇曼在推特上分享這款應用程式，結果一炮而紅，世界各地都有人向他求助。慈善機關、老師，以及民眾，都請求里奇曼也為言語及語言障礙的人設計一款應用程式。誰能想到一個人的構想，竟然能嘉惠這麼多人。

但最神奇的，是里奇曼竟然與 OpenAI 洽談，想請 OpenAI 幫忙推廣這款應用程式，開放大家免費使用，沒有任何營利行為。這可是改變世界的創舉啊！

實驗一：開始聊天

首先，建立一個免費的 ChatGPT 帳戶。

前往 chat.openai.com，依照網頁的指示進行。先不要註冊付費版本。先玩免費的，等上手以後再說。

這本書付梓之時，ChatGPT 的首頁列出了 ChatGPT 的使用範例、功能，以及侷限。首頁在其他方面都非常樸素。有些人習慣了網頁上許多華而不實的東西，看見如此樸素的首頁，可能會有點不習慣。

網頁最下方的欄位，是你輸入你的問題，也就是人工智慧界慣稱的「提示」的地方。

按下鍵盤的輸入鍵，或是點選提示欄位末端的箭頭，就能開始對話。

你的每一段對話，都會條列在網頁左側，看起來很像選單。你可以隨時回頭檢視一段對話，也可繼續進行先前的對話。ChatGPT 會記得先前每一段對話的內容，也能循著主題繼續聊下去。

要聊新主題，就要開啟新的對話。要注意的就是這些！

以下是給新使用者的一些建議。

■找個你感興趣的主題，問 ChatGPT 有何看法。例如你的提示可以是「我想多了解太空探索。請問你對這個主題了解多少？能不能告訴我一些有趣的資訊？」

■請 ChatGPT 針對某個主題給予建議。例如你的提示可以是「我想尋找關於（輸入主題）的優質播客。能不能請你推薦幾個？你最喜歡的是哪些？」

■依據 ChatGPT 的回答，再深入追問，例如「關於（輸入主題），請詳細說明」，或是「關於（輸入主題），請提供更詳細的資訊」。

暫停時間

你可以用下列方法認識人工智慧：

■留意你已經在哪些地方，以怎樣的方式接觸人工智慧、機器學習，以及聊天機器人。現在你造訪的每一個網站，幾乎都會有個彈出式聊天視窗，對你說：「嗨，需要幫忙嗎？」

■找親朋好友以及同事聊聊。你認識的人當中，有誰能跟你聊這個話題？你的圈子裡，是不是有人似乎每一種新科技都會接觸？他們對於 ChatGPT、人工智慧的看法是什麼？

■實踐這本書已經介紹過的一些建議。

第二章
好處與壞處

我的朋友約翰看了太多描寫未來世界的反烏托邦電影。他深信，人工智慧還有「那些機器」總有一天會毀滅人類。顯然他花太多時間看《二〇〇一太空漫遊》、《魔鬼終結者》、《駭客任務》，以及《復仇者聯盟二：奧創紀元》之類的電影。

我發現批評 ChatGPT 的人，大致可以分為兩類：

一、就像約翰，斷定人工智慧與機器學習將會更強大，更無所不在，最終只會毀滅我們熟悉的生活。

二、反對人工智慧的理由務實多了。他們認為人工智慧會被心懷不軌之人用來為非作歹。我們都知道，你隨口提出要求，人工智慧就能立刻產生惡意程式。人工智慧還可以通過醫學考試，寫出很有說服力的學術論文，也可以幫你寫功課。這類人當中，有些也擔心自己的工作會被ChatGPT搶走。

我向來比較樂觀，覺得未來應該比較像《星艦迷航記》描寫的那樣。說我樂觀也好，天真也罷，但我確實比較喜歡《星艦迷航記》虛構的未來世界。而且《星艦迷航記》的虛構裝置，很多後來也出現在現實生活。如果你是用 iPad 或是其他手持式閱讀器讀這本書，要知道這些裝置的設計靈感，也是來自《星艦迷航記》。

我也認同美國哲學家格雷．史考特的想法。他並不擔心人工智慧與機器會對人類暴力相向，而是比較在意人工智慧與機器會如何擾亂我們的生活。

機器人將會收割、烹飪，還會將餐點端上我們的餐桌。機器人將在我們的工廠工作，駕駛我們的車子，幫我們遛狗。無論我們喜歡與否，工作的時代都即將

結束。

面對新科技，感覺有點不安是很正常的。有時候，我們會恐懼過頭，尤其是不見得了解某項科技的原理，或是不了解科技可能造成哪些影響的時候。這時我們可能會過早開始恐慌，憂心一些其實不太可能發生的事情。

更糟的是，有些人會刻意利用大家的無知，為己牟利，這其實並不足為奇。這些人可能會散播假訊息，或是拿「科技會毀滅世界」的言論嚇唬大家。一切都是為了他們的利益與謀算。唉！

ChatGPT 是否可能成為作亂的工具？

你也許聽過，有人擔心 ChatGPT 會危害世界，或是被別有用心的人拿來為非作歹。我們確實應該審慎思考，新興的先進人工智慧系統日後可能造成的影響，但也應該記住，並不是只有 ChatGPT 才有這些問題。這些問題是更大的議題的一部分。而這個更大的議題，就是人工智慧研發的未來。

所以我們應該記住，新科技雖然令我們心生恐懼，但也有可能改善社會。說不定哪天我們回顧過往，還會覺得奇怪，當初何必如此擔憂。

我依據到目前為止的經驗，將我所知道的 ChatGPT 的好處與壞處，整理成表 2.1。

表 2.1：ChatGPT 的好處與壞處

好處	壞處
能幫你生成內容	會編造內容
有學習能力	會被用於詐騙
具有龐大的資料庫	存有偏見
速度快	會搶走我們的工作
能將任何內容整理成摘要	你的內容會流入 ChatGPT 非常公開的資料庫

我們一一討論表格所列出的壞處。

會編造內容

我剛開始使用 ChatGPT 的時候，立刻就明白這項工具能提升生產力。所以這就是我的第一個問題：

範例提示： ChatGPT 能如何助我提升生產力？

ChatGPT 的答案之一（另外還有許多實用的答案）是：

ChatGPT： ChatGPT 還能幫你安排日程，整理待辦事項。如果你們家很忙碌，你可以用 ChatGPT 建立共享的行事曆，每一位家人皆可存取。你只要打開行事曆，就能掌握所有預定的日程、學校的活動等等。若需要改期或取消，也可請ChatGPT代勞。

太美妙啦！

提示：請告訴我如何使用 ChatGPT 安排日程，請詳細解說每一個步驟。

ChatGPT：第一步：註冊 ChatGPT 帳戶。如果你還沒有 ChatGPT 帳戶，那該做的第一件事就是註冊。前往 ChatGPT 網站，依據網站上的說明，建立一個帳戶。登入之後即可使用許多功能，包括安排日程，以及行事曆分享。

第二步：連結你的行事曆。接下來要將你的行事曆與 ChatGPT 連結。ChatGPT 就能存取你的行事曆，也能幫你安排日程。要完成連結，前往 ChatGPT 的「設定」選項，點選

「整合行事曆」。接下來你會看見連結行事曆的説明。只要依據説明連結行事曆，即可開始使用。

另外還有許多詳細的步驟，總之 ChatGPT 也告訴我該如何：

■用 ChatGPT 建立活動
■與其他人分享自己的行事曆
■接收活動提醒訊息
■授權 ChatGPT 安排日程

我驚訝到差點從椅子上摔下來！這也太神奇了吧！有超強的功能，還有無限的可能性，**再加上**連恐龍都看得懂的詳細説明。但是等一下……我找了幾分鐘，沒找到「設定」選項，於是我問 ChatGPT：

> **提示：**ChatGPT的「設定」選項在哪裡？
>
> **ChatGPT：**很抱歉造成你的困擾。ChatGPT是一款人工智慧語言模型，因此並不具有「設定選項」的圖形使用者介面。我在先前的回覆說ChatGPT有個「設定」選項，其實並沒有這樣的選項，是我說明有誤。

說到底，我們（在寫這本書時還）不能將行事曆及日程表與ChatGPT連結。真是大大鬆了一口氣。

你可能覺得很奇怪，「怎麼會發生這種事？」這個嘛，ChatGPT就像許多人工智慧應用程式，每個句子都是一個字、一個字寫出來的，而且寫完一個字之後，會依據資料庫中單字同時出現的頻率與機率，判斷下一個字該寫什麼。

我不想花太多篇幅討論技術上的細節，但我們應當了解ChatGPT的好處，也應當知曉它的侷限。

OpenAI從網路上的書籍、文章、網站，以及維基百科，循序漸進抓取了大約三千億個單字，再提供給 ChatGPT。ChatGPT 存取這麼多資料的同時，也會以下列策略，思考要如何回應你的提示（亦請參考圖 2.1）。

預測下個令牌（token，編注：語言文本的基礎單位）：ChatGPT 只要拿到一個字串，就能預測這個字串的下一個字詞會是什麼。舉個例子，你輸入「貓坐在……」你的人類大腦自然會想到「墊子」，ChatGPT 也會。但其實「小地毯」、「毯子」、「椅子」、「桌子」也是合理的選項，不過「墊子」出現的機率還是較高。

遮罩語言模型：這種策略與預測下個令牌稍有不同，是以一種名為「遮罩」的特殊令牌，取代字串裡的某些字詞。ChatGPT 能預測該以哪個字詞取代遮罩。舉個例子，ChatGPT 看見「（遮罩）坐在……」，就會預測被遮罩的字詞是「貓」（你的大腦也會這麼想），但也有可能是「狗」或「兔」。

預測下個令牌	遮罩語言模型
預測一個字串中最有可能出現的下一個字詞	預測一個字串中被「遮罩」的字詞
例如： 貓坐在……	例如： （遮罩）坐在墊子上
貓坐在墊子上 貓坐在小地毯上 貓坐在地板上 貓坐在床上 貓坐在桌上	貓坐在墊子上 狗坐在墊子上 女人坐在墊子上 鳥坐在墊子上 袋熊坐在墊子上

圖 2.1：ChatGPT 運作的原理

所以，ChatGPT 很聰明……但也不算絕頂聰明。舉個例子，「羅馬帝國（遮罩）奧古斯都皇帝統治期間」，ChatGPT 會依據字詞出現的機率，預測被遮罩的字詞是「開始於」或「結束於」。將這兩個字詞加入，組合而成的兩個句子文法都正確，意思卻非常不同（而且只有一個句子符合史實）。

先前談到 ChatGPT 要我尋找「設定」選項，我認為 ChatGPT 是從安排日程的網站（例如 Calendly）抓取這些內容（所謂抓取，意思是從網際網路上的許多資源，例如書籍、文章、網站，蒐集文字資料）。而這個安排日程的網站，具有整合其他軟體的功能，只要選擇「設定」選項，就能將你的行事曆，與網站的功能連結。

危險之處在於，ChatGPT 似乎對自己的答案頗有信心，會給出明顯錯誤的答案。我請它提供「一句名人說過的話，內容是科技能讓我們擁有更多休閒時間」，它信心滿滿吐出邱吉爾說過的一句話，還附上演說的日期。

太美妙啦！只可惜根本沒這回事，邱吉爾沒說過這句話。ChatGPT 給出的答案，是混合了其他幾個人的演說或評論，而這些演說與評論在結尾都提到邱吉爾。這個例子證明了預測下個令牌以及遮罩語言模型，也會弄出離譜的錯誤。

即使要求 ChatGPT 提供資料來源以及參考資料，以證明其所提供的內容正確，也依然有點像是碰運氣。

學者也指出，ChatGPT 能運用從現有資料蒐集而來的零碎資訊，憑空編造出引語，也就是將人名、頭銜、期刊名、書名等等混合而成的胡言亂語，當成別人的言論提供給我們。

我的建議是，如果事關重大，那最好還是上 Google 確認是否正確。

會被用於詐騙

ChatGPT 能迅速生成文本，對於想散播假訊息、詐騙他人的網路犯罪份子來說很有吸引力。

我們已經看到所謂的深度偽造影片，也就是使用人工智慧科技，將一個人的臉換成另一人的。有了這種科技，再加上 ChatGPT 能模仿一個人的語氣，迅速生成精確的文本，就能製作出深度偽造影片的腳本，感覺既真實，又可信。

這個世界上的假新聞還不夠多嗎？

網路釣魚詐騙存在已久（我們都收到過某個遙遠的非洲國家王儲來信，表示我們只要提供銀行帳戶資料，就會收到一筆驚人的鉅款），但壞蛋使用 ChatGPT 之類的工具，卻能將騙局雕琢得稍微縝密一點。有些訊息看起來很真實，看似來自銀行、社群媒體平台這些我們可以信賴的對象，因此我們就更難分辨訊息的真假，更容易受騙上當。

總會有人想用新科技撈錢或是詐騙。世上幾乎所有的東西，都能用來行善或作惡。我們還是用 ChatGPT 做好的事情吧？

存有偏見

我們在第一章說過，人工智慧與機器學習如今已是無所不在，廣為應用於醫療、金融、運輸、娛樂等領域。隨著這些科技不斷演進，進一步融入我們的生活，我們也無法迴避使用這些科技所衍生出的社會與道德問題。

人工智慧與機器學習要想不帶偏見，那它們接受訓練時所接觸到的資料，就必須不帶偏見。資料若是帶有偏見，或是不完整，這些偏見就會成為演算法的一部分，也會永遠存在於演算法之中。

ChatGPT 很容易受到含有偏見或具有攻擊性的資料影響。

有一天，我想跟 ChatGPT 玩玩，於是輸入提示：「我好寂寞，跟我說個我不知道的事。」

ChatGPT：你知道嗎？日本有個「出租大叔」公司，顧客付費就可以找中年男子陪伴自己。你租來的中年男子，可以陪伴你做很多事情，例如看電影、玩遊戲，甚至可以純聊天。這項服務尤其受到想要有人陪伴、有人傾聽的女性歡迎。所以你若感到寂寞，還是可以透過一些特別的管道找人陪伴，而且並不是只有你感到寂寞。

所以 ChatGPT 認定我是女性？認定寂寞的我就一定想找中年男子陪伴？我覺得好詭異，而且這個答案帶有偏見。

如果 ChatGPT 接受訓練時所接觸到的資料集，含有偏見或是攻擊性的語言，那 ChatGPT 可能就會生成含有偏見或攻擊性的回答。幸好 ChatGPT 的研發人員已經發現此問題，也逐漸改良演算法，分析資料集，以去除帶有偏見或攻擊性的內容，避免 ChatGPT 給出帶有偏見或不當的回應。

我們也看過一些類似的例子，例如臉部辨識軟體對於膚色較深的人，辨識結果較不正確。某些招募人才的演算法，會歧視女性與少數族群求職者。

會搶走我們的工作

人工智慧與機器學習能創造新的就業機會，也能提升生產力，卻也會將某些產業現有的工作自動化，淘汰人工作業。這種現象已出現在製造業，機器人已經取代了人力。有人預測在二〇三〇年之前，全球各地將有兩千萬名製造業從業人員，會被機器人取代。隨著人工智慧與機器學習越來越融入我們的生活，顯然會有更多工作受到影響，也會有負面效應。

從十九世紀英格蘭的盧德份子開始，始終有人擔心科技與自動化會搶走人類的工作。歷史也已證明，隨著科技進步，某些工作確實遭到淘汰。除了刻意安排的新奇體驗之外，你上次在電梯裡看見電梯操作員是什麼時候？你上次打給電話接線生，又是什麼時候？科技與自動化的變遷，已經消滅了這些工作。

我們也知道，科技與自動化會創造就業機會，也會改變很多人的工作。世界經濟論壇估計，到了二〇二五年，科技創造的就業機會，至少會比消滅的就業機會多出一千兩百萬個，算來對社會還是有益。

我最近聽到「提示工程師（prompt engineer）」一詞。這是個全新的職銜。提示工程師負責設計、創造提示，或將提示最佳化，以利 ChatGPT 及其他人工智慧做出迅速、正確，且不帶偏見的回應。現在預測「今年底之前，大多數企業的通訊團隊，都會設置提示工程師」，會不會太早？

我可以想像，未來很有可能出現這樣的對話：

甲：你整天在忙什麼？

乙：早上開了幾個會，下午在為即將舉行的產品發表會，寫通訊策略的提示。

我的一位親戚曾與我分享她在職場聽到的，關於人工智慧以及 ChatGPT 的一段很有意思的對話。內容大致是：

甲：你難道不擔心人工智慧會搶走我們的工作？

乙：不用擔心這個，要擔心的是，那些擁抱人工智慧的人，可能會把你的工作搶走。

我們已經了解人工智慧的發展史，也更熟悉人工智慧的好處、壞處以及醜陋面，現在就該捲起袖子，探索 ChatGPT 的核心。我們在下一章要討論提示，提示是提升 ChatGPT 生產力的關鍵。

小而美的建議

慢慢摸索ChatGPT。這就像經營可能會長久的新關係，需要花費時間與精神，了解它的怪癖、侷限、習性，以及長處。不要只依據一兩次短暫的接觸，就倉促論斷。

Bard什麼時候不Bard？

Google於二〇二三年一月，大張旗鼓推出旗下第一款人工智慧聊天機器人Bard，要與OpenAI的ChatGPT打對台。

只可惜Bard出師不利。

在Google分享的示範中，有人問Bard：「詹姆斯韋伯太空望遠鏡有哪些新發現，是我可以說給九歲孩子聽的？」Bard在回應中提到，詹姆斯韋伯太空望遠鏡「拍攝了史上第一組位於我們的太陽系之外的行星照片」。

問題是，這並不正確，推特上也有不少天文學家立刻指出這項錯誤。根據美國國家航空暨太空總署的網站，系外行星的第一張照片，其實是在二〇〇四年拍攝，比詹姆斯韋伯太空望遠鏡發射升空早了幾年。

Bard、ChatGPT，以及其他人工智慧程式一路上難免會出錯，但會隨著時間不斷發展、不斷改良。我們知道人類時常犯錯，所以也不該指望機器從不出錯。

實驗二：了解它的能力與侷限

連續問 ChatGPT 幾個不同主題的問題，再思考它的回答是否正確。

- 詢問時事、運動、歷史，或科學方面的問題。
- 要問開放式問題（答案較長），也要問封閉式問題（通常答案只有「是」與「否」），看看 ChatGPT 能否理解你所提出的問題。
- 要求 ChatGPT 表達得清楚一些、正式或不正式一些、逗趣一些、短一些或長一些等等。
- 注意 ChatGPT 是否提供正確且相關的資訊，回覆的內容有多吸引人，有無表露任何偏見與侷限。
- 將 ChatGPT 的表現，與包括 Google 及真人專家在內的其他資訊來源比較，以了解 ChatGPT 的優缺點。
- 思考你自己的經驗，想想 ChatGPT 對於你的工作與生活是否有所助益。

暫停時間

花點時間想想：

- 你曾經遇見過哪樣讓你覺得不太適應的東西？也許是新工作、新任務，也許是你必須使用的新科技、新軟體。你用了多久時間適應？
- 在擔心科技會衍生出哪些問題之前，先想想科技曾經助你提升生產力的經驗。紙本日程表就是一個例子，想想我們現在可以分享電子日程表與行事曆，比以前方便多了，要找出五、六個人都有空出席的聚會時間，也比以前容易多了。還有哪些科技提升了你的生產力？
- 將你對人工智慧的顧慮，拿來問 ChatGPT。ChatGPT 的答案也許會讓你大吃一驚！

第三章 提示就是一切

我的同事蘇菲向來熱愛法語。我與她共事的那段日子，她講法語不僅流利，簡直像是土生土長的法國人。

她對我說，她高中上過幾堂法語課，但也沒記住多少。她在大學期間決定主修法語，卻還是無法精通。她再怎麼用功，再怎麼練習，法語功力卻似乎毫無長進。她沮喪到差點放棄。

一直到大學二年級時，她才掌握精通法語的訣竅。當時的她在與一本小說的某個特別難的段落搏鬥，一個字、一個字翻譯。她努力未果，稍作休息，決定要大聲將這個段落讀出來，不去翻譯每個字。

她發現，不去在意每個單字的意思，而是掌握整段文字的大意，反而更容易理解。這一點讓她頗感意外。她發現想要真正弄懂一種語言，就必須懂得以這種語言思考，而不是一直把這種語言翻譯成自己的母語。

如果你想讓 ChatGPT 發揮最大效益，就必須懂得它說的語言。要使用 ChatGPT，也要以另一種方式思考，跟你使用 Google 之類的搜尋引擎的思考方式有點不同。

和使用 ChatGPT 相比，使用 Google 有點像蘇菲那樣，辛辛苦苦翻譯每一個字。ChatGPT 是個神奇的工具，能生成各種回應，但想得到最理想的結果，就必須知道該如何要求。

要求的方式，就是撰寫提示。

提示是 ChatGPT 能否發揮作用的關鍵。懂得撰寫提示，你就能節省許多時間，不必在搜尋引擎的搜尋結果裡大海撈針，不會起步就走錯，也不用煩惱該怎麼開始。

究竟什麼是提示？

所謂提示，就是你為了引導 ChatGPT 做出回應，所提供的資訊。有點像你問 Google 一個問題：你的問題越具體，越詳細，得到的結果就越理想。你給 ChatGPT 的提示越理想，得到的結果也會更理想。

怎樣叫做好的提示？

好的提示要清楚、具體，有吸引力。你的提示夠理想，ChatGPT 就能理解你要的東西，你就會得到更個人化、更實用的回應，還能節省時間與精神。

就我的經驗，我的提示越詳細，得到的結果就越好。如圖 3.1 所示，我的提示包括下列幾項：

■ **觀點：**你所處的狀況或環境，比方說你可以跟 ChatGPT 簡單說說你在做什麼，又為何做這件事。

■ **目的：**對話的具體目的，例如與 ChatGPT 對話的目的，可能是要求 ChatGPT 提供資訊、給予建議，或是純粹閒聊。你也可以要求 ChatGPT 寫一些讚美、批評，或是從平衡的觀點撰文。

■ **特性：**對話的語氣與風格。對話可以帶有幽默、同理心，或是其他情緒，就會更近似真人，更具吸引力。例如你可以告訴 ChatGPT 要以怎樣的語氣回應，比方說閒聊、對話、正式，甚至模仿歐普拉、荷馬・辛普森的語氣。

說穿了就是你要說 ChatGPT 懂得的語言，上述幾點就是語法。ChatGPT 很神奇，但並不能看穿你的心思（至少現在還不能），還是需要具體的資訊，才能給出最好的回應。所以要給它簡明扼要的提示，它就能發揮神奇的力量，為你效勞。

舉個例子，你想問早餐該吃些什麼才健康，最好輸入「我們家有五個人，其中三位是十二歲以下的孩子，早上總是很匆忙。請告訴我幾種簡單、健康，能在

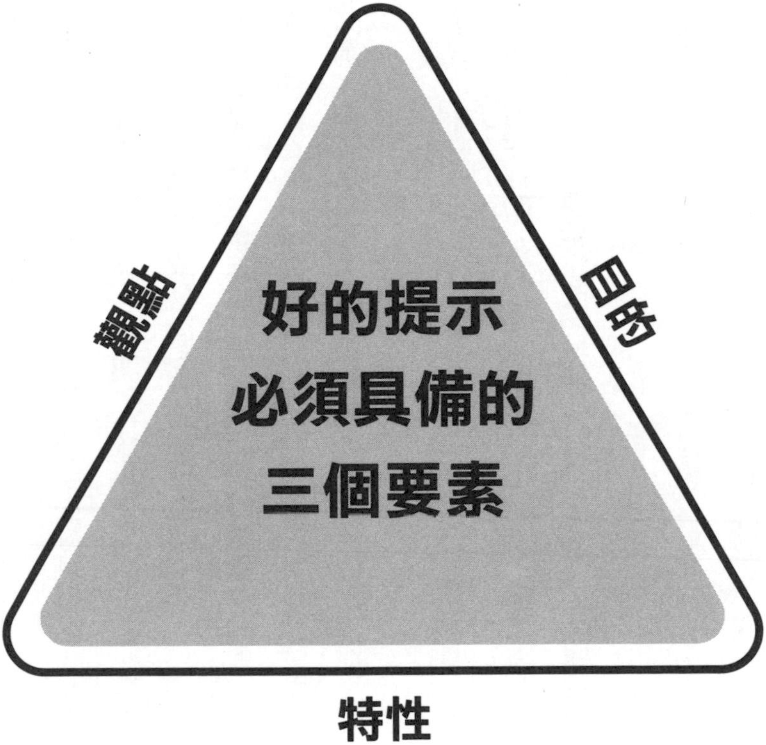

圖 3.1：怎樣叫做好的提示？

十分鐘完成的早餐料理」，會比「健康早餐建議」這種籠統的提示理想得多。你在 Google 搜尋，比較有可能會輸入籠統的提示。

你的提示越具體、越詳細，ChatGPT 就越能提供你要的結果。

我有個同事，每次寫電子郵件或是文章，總會擔心拼字、文法、風格有問題，所以她用 ChatGPT 修正寫作的內容。

範例提示：下面這段文字是要寄給連鎖零售商店的執行長，約定開會時間，請幫我修正這段文字的風格、拼字與文法。

是不是很聰明？

你的提示越理想，得到的結果就會越完整、越實用。別忘了那句古老的格言「垃圾進，垃圾出」。這句話也適用於 ChatGPT。

我聽過幾個人對我說：「ChatGPT 我用過，出來的東西簡直是垃圾！我自己寫還比較好！」

第一個要解決的問題，就是要練習製作出對的提示。你寫了一次，得到很爛的回答，你一灰心就放棄，再也不想嘗試，那當然不可能得到理想的答案。這就跟學習新的技能沒有什麼兩樣。我還記得我第一次用 PowerPoint 的時候。我以前習慣用文字處理機（大家就知道我的年齡了），所以搞不懂 PowerPoint。但我沒放棄，所以現在的我是 PowerPoint 專家。

我將撰寫提示稱為「製作」提示，因為撰寫提示有點像藝術創作。你越擅長，能節省的時間就越多，而且坦白說，樂趣也會越多。

至於第二項批評：如果你自己寫還比較好，那就請你儘管自己寫。

不要塞一堆無謂的細節給 ChatGPT。

你要給 ChatGPT 足以了解你想要什麼資訊，但若提供太多資訊，ChatGPT

反而不知道你想要什麼。提示太複雜，得到的答案可能不盡理想。提示太籠統，也會得到太籠統、不實用的答案。關鍵在於找到平衡。

例如這個提示就太複雜：綜觀當今世界各地的政治氛圍與社會動盪，包括經濟不穩定、氣候變遷，以及侵犯人權的行為，各國政府與國際組織該如何攜手合作，解決這些互有關連的複雜問題，同時在主權、安全、民主政治，以及人類尊嚴這些互相矛盾的利益與價值之間找到平衡？

再對比一個太籠統的提示：你對於當前世界局勢有何看法？

儘管如此，我還是常把大段文字剪下，再貼上 ChatGPT，照樣能得到我要的結果。舉個例子：

範例提示：我要在董事會會議做一份簡報（觀點），必須能說服董事會重視我要講的主題（目標）。請將下列內容，整理成不超過四項重點的摘要，風格要專業而不失吸引力（特性）。

（然後再把要 ChatGPT 整理的內容貼上去。）

不同類型的提示，會產生不同類型的答案。

開放式的提示，會得到較有創意、較有想像力的答案。而較為具體的提示，也會得到較為具體的資訊或資料。所以不妨試試不同類型的提示，看看哪一種最符合你的需求。

能用於 ChatGPT（或其他人工智慧工具）的提示可能有幾百種。現在網路上有很多人以四十七美元的價格，販賣「適合行銷人員的五十個 ChatGPT 提示」。我很佩服他們的聰明才智，但你不需要花錢買這些也可以上手。

下列是幾種入門的提示（圖 3.2）。

探索型提示

這種提示就像問一些廣泛且開放的問題，非常適合用來探索各種想法與意見。得到的回答可能頗有見地、具有創意，也發人深省。例如：

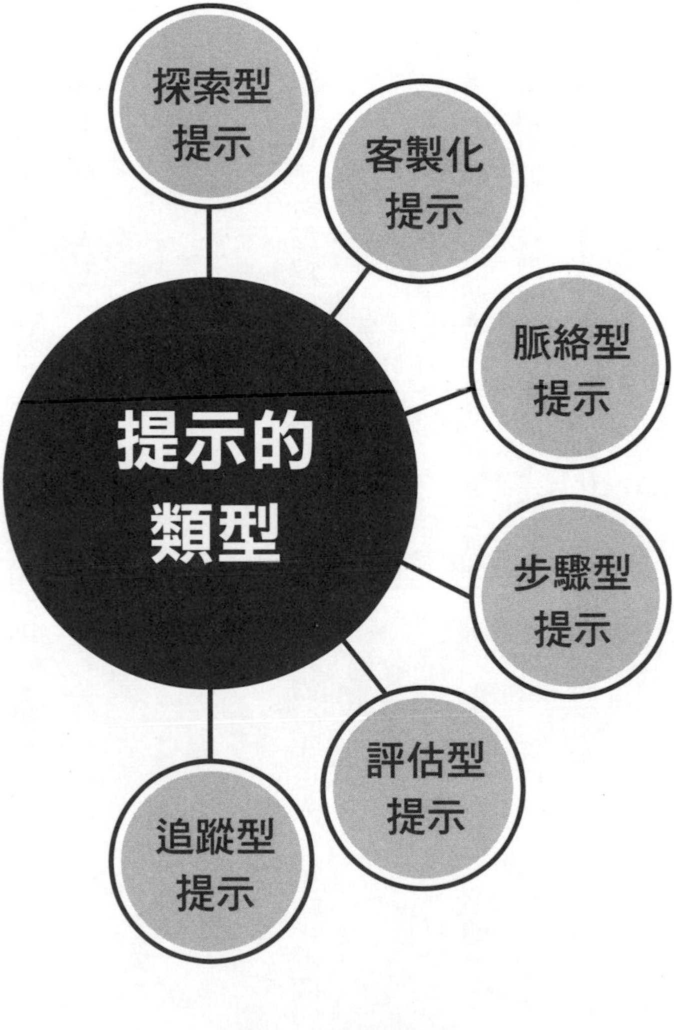

圖 3.2：各類型提示

- 你認為人工智慧在因應氣候變遷方面能發揮哪些作用？
- 該如何使用 ChatGPT，才最能激盪出有創意的構想？
- 我能跟 ChatGPT 一起玩哪些好玩的遊戲？

客製化提示

這種提示有點像「請自行填空」，你可以將具體資訊填入一個句子或問題，引導 ChatGPT 生成能符合你的特定需求的答案。例如：

- 能不能請你推薦一些有助於提升心理健康的（書籍、電影、歌曲）？
- 能不能請你推薦適合素食為主的飲食的（食譜、食材、菜餚）？
- 哪些（運動、伸展、瑜伽動作）能緩解下背部疼痛？

脈絡型提示

這類提示提供背景脈絡資料。你遇到複雜難解的情況，需要指引的時候，這類提示就能派上用場。ChatGPT 接到這類提示，通常會提供實用的建議與解決方案。例如：

- 我要做簡報，可是我對簡報主題不是很熟悉。我該怎麼準備？
- 我最近要跟老闆展開一場比較尷尬的對話。能不能請你提供一些合適的策略？
- 我想創立新事業，卻又不確定方向。能不能給我一些建議？

步驟型提示

這類提示能得到簡明扼要的指示，告訴你該如何完成某項工作，或達成某項目標。例如：

■該如何舉辦社群媒體行銷活動，促銷新款液態皂？請告訴我詳細的步驟。

■製作手工義式臘腸比薩的步驟是什麼？

■電腦無法開機的檢修步驟是什麼？

評估型提示

這種提示能助你得到客觀且有資料佐證的觀點。一般而言，ChatGPT 會提供實用的意見，也會指點如何改善。例如：

■我要寫一封電子郵件，因為內容比較敏感，所以用字遣詞上必須要展現同理心。能不能請你告訴我該怎麼寫，該採用怎樣的風格？

■我一直想改善寫作技巧，能不能告訴我，我的文法與句子結構哪些地方需要改進？

■ 我在我的網站上推出新產品。能不能請你幫我看看，產品介紹有哪些地方需要改進？

追蹤型提示

這類提示是你針對 ChatGPT 原本的答案，再提出其他的問題，以獲取更多資訊，更深入挖掘，或是釐清某些內容。追蹤型提示能從 ChatGPT 挖掘出更多實用的回答。例如：

範例提示：請告訴我，早餐該吃些什麼才健康。

ChatGPT：燕麥片搭配新鮮水果與堅果怎麼樣？

追蹤提示：能不能說得具體一些，燕麥片可以搭配些什麼？

範例提示：我想寫一本小說，能不能給我一些寫作上的提示？

ChatGPT：要不要寫偵探偵破疑案的故事？

追蹤提示：該怎麼塑造一個有說服力的偵探人物？能不能給我一些建議？

範例提示：我要出門旅行，能不能推薦一些好玩的地方？

ChatGPT：巴黎怎麼樣？

追蹤提示：巴黎有哪些不容錯過的景點？

我的同事就是套用上述的範例提示，請 ChatGPT 幫忙規畫巴黎三日遊的行程，要去的地方包括法式蛋糕店、博物館，還有公園。因為 ChatGPT 推薦的地方散落在巴黎各處，所以同事又請 ChatGPT 重新安排行程，將每天參訪的地點安排成距離較近。

同事對我說：「說來好笑，ChatGPT 幫我安排的其中一天的行程，跟我上次去巴黎某一天的行程竟然一模一樣。」

她再深入挖掘，問一些非常具體的問題，例如「販賣適合三十幾歲女性的時尚服飾的商店」，之後的追蹤又問「再告訴我幾家較為平價的服飾店」，然後又問「我能在巴黎買到的永續品牌」。

語音轉文字

語音轉文字應用程式是運用語音辨識科技，將語音轉寫為文字。你可能使用過語音轉文字應用程式，無須打字輸入文字，也能傳送簡訊、撰寫電子郵件。

那要如何使用語音轉文字應用程式，寫提示給 ChatGPT 看？不妨試試下面的方法：

一、打開你最喜歡的語音轉文字應用程式，開始錄音。如果你沒有最喜歡用的，也可以試試我在 iPhone 上用的 Notes，或是我的幾位同事最愛用的 Otter.ai。到你常用的應用程式商店搜尋，就能找到許多語音轉文字應用程式。

二、說出一個你想傳達給 ChatGPT 的提示，例如「我想請 ChatGPT 寫一封電子郵件，內容是規畫即將舉行的社交俱樂部的活動（描述活動內容）」。

三、停止錄音，讓應用程式將你的語音轉寫為文字。

四、將文字複製，再貼上，作為給 ChatGPT 的提示。

有個重點要記住，語音轉文字應用程式並不見得每次都能百分百正確。你的口音、說話風格，還有背景噪音，都有可能導致語音轉文字應用程式誤聽、誤解，因此轉寫出來的文字可能有錯。你若要使用語音轉文字應用程式寫 ChatGPT 提示，要記得先確認轉寫的文字是否有錯，修正之後再發出提示。

用語音轉文字應用程式撰寫 ChatGPT 提示，是生成新文章方便又快速的方法，尤其是你若覺得長時間講某個主題，比打字撰文輕鬆。我有個朋友覺得自己打字容易拼錯字，也容易用錯字，所以她無論寫什麼初稿，包括寫提示在內，一律使用語音轉文字，直接從腦袋傳送到頁面。

再也不會有「寫作卡住了」這種事情。

並不是只有職業作家，才會遇到寫作卡住了，寫不出東西的問題。任何人想寫簡報、提案、電子郵件，或是文章，碰到這種問題都很頭痛，總覺得很沮喪，想放棄。現在有了 ChatGPT 這個強大的工具，我們就能克服這種難題。

傑森．法克斯博士在二〇一四年的著作 *The Game Changers* 表示，進展是最能激勵人類完成事情的力量。所以陷入困境，無法有所進展，確實會很想放棄。有了 ChatGPT，你只需要給出提示，ChatGPT 就會提供構想，啟動創作過程。

ChatGPT 也能在寫作過程中出手相助，不僅能提供同義詞、反義詞，還能幫你修飾句子結構與文法。

很多人只需要些許的助力，就能文思泉湧，ChatGPT 就是可以輕輕推你一把。

舉個例子，假設你想發表部落格文章，卻不知該寫些什麼。你可以請

ChatGPT提供建議，它就能從廣大的知識庫裡，挑出許多主題任你挑選，還能建議你該怎麼寫這個主題，該從哪個角度切入，甚至給你一些研究資料作為佐證。（我在第二章說過，面對任何參考資料、引文，以及資料來源，我們還是要仔細確認正確性。）

我這麼做的結果是這樣的：

範例提示：我要寫一篇部落格文章，主題是透過科技，讓自己有更多空間與能力做更多更有價值的活動，或是擁有更多休閒時間。請幫我想三個文章題目。

（對了，我超喜歡ChatGPT的一點，就是有時候我輸入的提示就算文法不正確，甚至拼字拼錯也沒關係。）

ChatGPT：

一、幫你將日常事務自動化，節省更多時間的五項科技工具

二、如何使用時間追蹤應用程式提升生產力

三、數位時代的正念：如何保持專注力與生產力

追蹤提示：請以上述第三項為題，寫一篇一百五十字的部落格短文。

ChatGPT：數位時代的正念：如何保持專注力與生產力

身在數位時代，我們受到太多干擾，常常難以保持專注，生產力也受到影響。正念能讓我們即使飽受數位刺激干擾，也能保持專注。以下是在數位時代保持正念的一些技巧：

- ■暫時斷開：每天都要挪出時間，暫時斷開數位裝置與數位環境。
- ■深呼吸：回覆電子郵件、開始做新工作之前，以及在一天當中，都要深呼吸幾次。
- ■使用正念應用程式：市面上許多應用程式都能幫助你練就正念技巧。

■正念多工作業：做每一項工作，都要完全臨在，全心投入。

■利用休息時間運動：利用休息時間去短程散步，做些伸展運動，或是練瑜伽。

在數位時代實踐正念，即使經常受到干擾，也能保持專注與生產力。

好，這篇其實有一百三十八個英文字，而且絕對需要潤飾，但完成度已有百分之八十。

感覺就像我對實習生或是助理說：「我要寫一篇部落格文章，主題是運用科技，讓自己有更多空間與能力，做更多更有價值的活動，或是擁有更多休閒時間。幫我想十個文章題目。再從這十個題目選一個，研究以後再拿給我看。」

要是在以前，一個人可能要花幾小時才能完成。現在只需幾分鐘。

到目前為止，ChatGPT 還沒能生成任何我可以直接剪下，貼在部落格、文章，或是書的一章的內容。ChatGPT 提供的所有內容，都需要人為加工，從微幅調整，到全部重寫都有。但擬出文章題目，還有撰寫部落格文章初稿所需的時間，已經大幅縮短，我就有時間做其他的事，甚至有更多我迫切需要的休息時間。

打開你的 ChatGPT 偵測器

我漸漸發現，從一些蛛絲馬跡，可以看出別人是否直接將人工智慧生成的部落格內容或其他文章拿來發表，沒有經過人工調整。

■「關鍵在於」一詞經常出現。有一陣子，ChatGPT 寫的每個段落的開頭都是「說到生產力，關鍵在於……」後來我請它不要再用「關鍵在於」，於是它改用「重要的是」。

■每個段落的開頭，都會出現原始的提示。舉個例子，假設提示是「請告訴我提升生產力的五個訣竅」，那ChatGPT回答的每一段，開頭都會是「提升生產力的另一種方式，是……」

其他該留意的跡象包括：

■缺乏人味：文字通常缺乏親身經歷過的經驗、情緒，以及創意思考所蘊含的人味。感覺就像「告訴我事實就好，謝謝妳，女士」。

■缺乏同理心與理解：人工智慧（還）不能完全領會有效溝通所需的脈絡、情緒，以及文化的細微差異。因此人工智慧生成的內容，往往缺乏同理心、敏感度，也不甚理解人類的經驗。

■創造力有限：人工智慧是依據現有的模式與資料生成文章，所以不見得能提出真正有創意，或是原創的想法。人工智慧的回應，通常缺乏人類創造力所流露出的自然與機鋒。

■技術上的失靈：看見重複出現的字詞，或是奇怪的句子結構，即可斷定這是人工智慧生成的文章。
■內容沒有故事，也沒有趣聞。

以下的文章完全是由ChatGPT生成，並未經過編輯，題目是「大城市設置交通警察的好處」。

範例提示：大城市設置交通警察有哪三項好處？

ChatGPT：大城市設置交通警察有許多好處，包括：

一、提升道路安全：交通警察能執行交通法令，確保交通量大的道路上的駕駛、乘客，以及行人安全。交通警察指揮交通，發現潛在的危險因素，進而監管交通流量，同時避免意外發生。

二、管理交通流量：交通警察在尖峰時間，在交通量大的十字路口指揮交通，以管理交通流量，確保交通安全順暢。

三、給予協助：交通警察能協助需要幫助的駕駛與行人，例如指引方向、更換爆氣的輪胎，或是協助受困的駕駛。

整體而言，大城市設置交通警察，確實能提升道路安全、管理交通流量，還能幫助需要幫助的人。

首先，我完全贊成大城市設置交通警察。我之所以分享這個例子，是要證明使用ChatGPT雖然能節省時間，但它生成的內容還是需要人為調整，才能有吸引力、有思想、有啟發性。我相信你只要注意到下列跡象，就能立即察覺內容是由非人類的人工智慧所生成：

■每一點的說明都以「交通警察」開頭。

■最後的總結只是重複三項重點。

■我不確定第三點是否正確。

■而且感覺好像少了什麼。

你從哪一點看出文章是人工智慧生成的？

對待 ChatGPT 需不需要有禮貌？

我發覺我常常對 ChatGPT 說「請」還有「謝謝你」。例如：

範例提示：請列出幾道北歐菜餚。

ChatGPT 回答後，而我需要更多資訊，我就會輸入：

追蹤提示：謝謝你，能不能麻煩你把範圍縮小到德國、挪威，以及丹麥？

原來不是只有我這樣做。我女兒說她也這樣做，因為「等到機器人主宰世界，我希望他們會記得，我對他們很客氣。」

從 Reddit 以及推特的許多討論串也可看出，ChatGPT 的使用者，也問了一些有點哲學的問題。一位使用者問道：「有沒有人跟我一樣，覺得問 ChatGPT 問題應該要有禮貌？也許是我受到的教養比較老派，但我寫問題或是提示，如果沒有加上『請』還有『謝謝』，沒有注重禮貌，我就會責怪自己。」

這則貼文共有三百五十則回覆，其中大多數都表示，自己對 ChatGPT 客氣有禮。

另一位使用者回應：「我那次真的對它說：『嗨，請幫我計算微積分。』」

推特的一項意見調查發現，超過百分之六十五的使用者，覺得自己不能對 ChatGPT 之類的網路機器人失禮。

說到底，有禮貌似乎與網路機器人的使用者比較有關，與網路機器人本身比較無關。也許是我想太多，但我覺得我對 ChatGPT 以禮相待，它也會以禮回應，一開頭就會說「當然！」、「沒問題！」

好了，重點就是這些。提示是 ChatGPT 能否發揮作用的關鍵。清楚、具體、有吸引力的提示，能引導 ChatGPT 這項非凡的工具發揮神奇的潛能，展現最大的效用。

喔，那提示是怎麼樣呢？所有的人工智慧與機器學習應用程式，都是同樣的道理。提示的好壞向來決定了產出的品質。

小而美的建議

不妨將你與 ChatGPT 的互動，當成一場對話。你可以放心對 ChatGPT 說：「不，我要的不是這個。請從這個觀點再試一次……」

步步高昇，越來越好！

有位參加我訓練課程的客戶，想寫一封求職信，卻完全不知道該怎麼寫，於是請我幫忙。她不知道該如何下筆，即使下筆，也掌握不好語氣，不知該如何表達自己符合徵才廣告所列出的所有條件。

我建議試試 ChatGPT（她從未聽過 ChatGPT），我們也一起創造了奇蹟。

首先，我們給出提示：「請幫我寫一封求職信，要展現我在人際與文化方面的經驗。」

得到的結果只是勉強能用，於是我們再給提示：「要多強調我的人際能力。」

這次的結果好多了，我的客戶還稱讚，說非常好。我們決定寫一個非常具體的提示：「把內容寫得更貼近航空業的貴賓艙機組人員」（就是她想應徵的工作）。

然後就搞定啦！

人力資源經理您好，我想應徵貴公司的貴賓艙機組人員一職。以我在航空業經營旅客關係，至今所累積的能力與經驗，相信能勝任這份工作。

我在先前任職的單位，不僅與旅客相處愉快，也能確保旅客旅途舒適。我身為機組人員，累積了工作經驗，溝通能力與客戶服務能力也有所精進。我能順利化解棘手的狀況，服務旅客也格外周到。我了解貴賓旅客對於優質服務的需求，也曾接待企業高層與貴賓顧客。我熟悉飛航安全與緊急狀況處理程序，也有能力應付任何狀況。

期待能有機會為貴公司的貴賓艙機組人員團隊效力。感謝您撥冗閱讀我的應徵資料。

敬祝　鈞安

（你的姓名）

這封求職信需不需要潤飾？當然需要，但完成度已有百分之八十，為她省下至少一天的時間，不必為了用字遣詞、結構，以及語言而苦惱。

實驗三：整理一大篇文字的摘要

你是否需要將某些書面資料或是報告整理成一份摘要，以便開會時使用？可以請 ChatGPT 代勞。

別忘了要想想你的：

- ■**觀點**：資料的背景脈絡是什麼？
- ■**目的**：你希望 ChatGPT 拿這份資料做什麼？
- ■**特性**：你希望生成的文章採用怎樣的語氣？

範例提示：我要向我的主管做一份簡報，要強調我的團隊的成績。請幫忙將下列報告，整理成五項重點，以便做成吸引人的簡報。（然後再將報告複製貼上 ChatGPT。）

一些提醒：我目前還不敢將機密文件，或是受版權保護的文件提供給

ChatGPT，因為你輸入的任何內容，未來都有可能成為訓練演算法的材料。意思就是，你的機密資訊等於完全公開，別人無論是有心還是無意，都能看見，也能存取。ChatGPT 在回答別人的問題時，可能也會提及你所提供的資訊。

也有一些知名案例，是人工智慧公司因為使用受版權保護的資料集，訓練自家的模型，而遭到控告。具體來說，訓練的是生成藝術作品或圖像的模型。

暫停時間

在你開始輸入提示之前：

■先想想你的目的是什麼。你是希望 ChatGPT 幫你解決問題、提供資訊，還是純粹聊天？將目的表達清楚，ChatGPT 才知道你要的是什麼。

■要記得，ChatGPT 雖說很強大，卻並非完美。使用簡單易懂的語言，ChatGPT 就能輕鬆處理你的提示，提供正確的結果。撰寫提示不要使用複雜的句子，也不要使用晦澀難懂的字詞。

■你的提示越具體，ChatGPT 就越能理解你的需求。舉個例子，與其問「未來會怎樣？」不如問「怎樣控制焦慮最有效？」這種問法更能從 ChatGPT 得到更精確、更正確的結果。

第二部
增強生產力

蘋果公司於二〇一〇年推出 iPad，當時是定位成瀏覽網頁、玩遊戲、讀電子書，以及看影片的全新裝置。我不知道你怎麼想，當時的我可是迫不及待想入手，雖然我根本不知道要拿它來幹嘛！

如今 iPad 已經成為多功能工具，改變了我們工作、玩耍，以及溝通的方式。iPad 也成為教學與學習的利器，不只用於課堂，也用於遠距學習。

iPad 對於醫療業的影響也是毋庸置疑，醫師與護理師使用 iPad 存取電子病歷、展示醫療影像與影片，以及追蹤病患資料，大幅提升醫療的效率與正確性。

攝影師、數位藝術創作者，以及音樂工作者，也發掘出 iPad 的全新用途。這要歸功於開發者看見了 iPad 的潛力，也創造出令人驚奇的應用程式，徹底改變我們使用 iPad 的方式。包括 Evernote、Proloquo2Go、GarageBand、Office365 在內的應用程式相繼問世，我們得以創造資訊、整理資訊、溝通，還能遠距工作，發展出種種 iPad 問世之初，無人料想到的用途。

這些意想不到的 iPad 用途，證明了科技能以我們想像不到的方式，改變我們的生活。現在的 iPad 已經不只是一個可以上網、玩遊戲的裝置，更是一個改變了我們工作、學習、創作，以及溝通方式的工具。

包括 ChatGPT 在內的人工智慧與機器學習科技就像 iPad，會繼續演進，也會以想像不到的方式，改變我們的生活。可能性是無窮無盡的，只有我們想像不到，沒有做不到。

ChatGPT 雖說是目前最強的人工智慧工具，但其他語言模型已經陸續出現，與 ChatGPT 競爭。未來還會有更多問世。

iPad 曾經稱霸平板裝置市場，現在則有眾多競爭者。Siri 曾經是市面上唯一的語音助理，如今也與 Amazon Alexa、Google Assistant 之類的產品競爭。

即使 ChatGPT 未來將面臨競爭，並不代表這本書介紹的技巧與工具也會過時。隨著人工智慧繼續演進，這些技巧與工具反而會更有價值，應用範圍也會更廣。

舉個例子，這本書提到的最重要的技巧之一，是使用精心製作的提示，與 ChatGPT 順利溝通。這項技巧並不是只適用於 ChatGPT，擁有這項實用的技巧，就能與任何人工智慧系統或應用程式溝通。隨著人工智慧在我們的日常生活進一步普及，我們也越來越有必要練就與這些系統順利溝通的能力。

這是個沉重的壓力。我們研究新想法與新科技的應用，就知道哪些符合自己的需求，或是當下的需求。這就像買新鞋要先試穿，要先確定合腳，符合你的需求才購買。

沒人想浪費時間與資源在對自己無益的想法與科技上。了解哪些想法與科技符合自己特定的需求，就能更快決定要投資在哪裡。

當然，好處在於我們嘗試新的東西，就有可能激盪出創意與創新的火花。你了解一種新想法、新科技能如何運用在不同的情境，也許就能想出令人耳目一新的新用途。

你會聽見許多人說 ChatGPT 有多好，或是有多壞。自己試試看，再依據自己的經驗做決定。

我們現在來看看 ChatGPT 的實力，就知道該怎麼運用它增強生產力。

第四章 職場應用

好友梅伊跟我碰面喝咖啡，她對我說：「太震撼了！妳聽過 ChatGPT 嗎？」她在一家節奏很快的美容產品公司工作，是行銷與客服團隊的主管。下面的故事是她告訴我的，是她在二〇二三年三月初，與她的團隊開會的經過：

會議正要開始的時候，我們團隊的成員吉姆問，能不能全程錄音？他想證明給我看，使用 ChatGPT 能讓會議更有生產力。

坦白說，我根本心不在焉，只是隨便點點頭，但我還是確認所有與會人員都同意錄音。這次開會一如往常，要討論的東西很多，大家都想發言。

我就跟其他人一樣拚命寫筆記，我發覺大家的筆記本都快寫滿了。每次會議

結束後，我們通常會統整大家的想法，列出該做的事，丟到我們的團隊溝通平台。即使一切順利，這也得花上幾小時才能完成，因為我們通常是一個會議接著一個會議開，開完會還有很多來來回回，因為大家總是會爭論，誰在開會的時候說了什麼。

會議結束前的五分鐘，吉姆打斷大家的發言，說道：「我們來總結吧。」我們當時不曉得，原來他不只是錄音而已，同時也使用一款轉寫軟體。我們看著他將轉寫出來的文字，從他的手機貼到他的筆電。接下來發生的事情，簡直就像變魔術。

吉姆打開 ChatGPT，輸入提示：「請將以下的紀錄，整理成可以執行的項目。」再將會議內容的文字貼上。奇蹟就在我們眼前上演：文字變成很詳盡，有條理的要點，涵蓋每一個重點以及該完成的事項。

吉姆接著又輸入：「我們的首要任務是改善顧客體驗。請從原始紀錄中，找出相關的待辦事項，以及約定的截止日期與負責人員。」

砰！一共有五項優先事項，其中三項有我們訂出的截止日期，兩項有負責的

人員。這一切不到兩分鐘就完成。到最後，我們只要訂出其餘事項的截止日期與負責人員，就大功告成了。

我們現在每次開會，都會使用 ChatGPT。它徹底改善我們的工作方法。我們現在對話的品質更好，會專心聽彼此說，而不是忙著寫筆記，也可以全神貫注在眼前的主題上。

我們越來越熟練，開始會說「待辦事項！約翰會在六月三十日前完成某某事」之類的話，方便 ChatGPT 整理出待辦事項。

我覺得梅伊會感到震撼太正常了，難道不是嗎？

還有，再次小小提醒，最好不要向 ChatGPT 透露任何商業性質、機密，或是受版權保護的內容。

ChatGPT 能幫我們處理工作上許多費時又沉悶的事情，這只是其中一個例子。梅伊的團隊現在可以專心完成自己分配到的工作，也可以展開下一場會議，不必浪費一堆時間爬梳筆記，釐清到底誰該做什麼事。

如果你跟我以及其他許多人一樣，那你大概也很難兼顧工作與生活。隨著職場的要求越來越高，我們很容易每天深陷在單調乏味的差事中，忽略人生真正重要的事情。有 ChatGPT 相助，我們就能找到方法提升生產力，以更少時間完成更多事。

我聽見你說：「不可能。」那我們就來看看，別人如何在職場運用這項神奇的工具，以更少時間完成更多事（圖 4.1）。

你在工作上有哪些管理事務需要外力協助？

虛擬人力資源主管

我有個朋友是企業主，想找一位新的執行助理（EA），已經找了一陣子，具體來說是大約三年。但他很快發現，這三年來很多事情都變了。現在有虛擬工作環境、混合式工作環境、新科技，再加上他的企業也不斷演進，他要更新徵才

圖 4.1：你的虛擬團隊

啟事的工作內容說明並不容易，也很難找到合適的人選。

更糟的是，我朋友發現，他的公司現在使用的員工手冊已經完全過時。這份手冊曾是他讓新員工盡快上手的聖經。

他更新徵才啟事的工作內容說明，也向合作的人力公司簡報，但是做這些事情不僅費時，也很乏味。他覺得很煩，受不了如此耗時費力。

這時我建議他用 ChatGPT。我的這位朋友一開始有些懷疑，畢竟他從未聽過 ChatGPT，也不知該怎麼使用。我向他說明 ChatGPT 的原理，也說 ChatGPT 能迅速生成新的工作內容說明、寫一份簡報、設計面試的問題，甚至還能更新員工手冊。他聽了就有興趣。他覺得試試看也不會有損失。

我說：「這些事情全都交給 ChatGPT，幾分鐘就能搞定。」他一聽這話，嘴裡的咖啡差點噴出來。

我建議他試試下列幾項提示：

■請更新以下執行助理的徵才啟事工作內容說明，要納入二〇一九年至今工作內容的變化，包括擔任小型企業主的執行助理，會接觸到的虛擬、混合式等科技。

■請依據上述工作內容說明，寫一份給人力公司看的簡報。

■請幫我想幾個適合拿來問執行助理應徵者的面試問題。

■請依據新版的工作內容說明，更新員工手冊，並標出需要我填寫的地方。

虛擬個人助理

我常希望能有個助理，幫我處理日常的管理工作，我就能騰出時間做更有價值的事情，例如經營客戶關係、爭取新工作，或者是與我在工作上的合作對象往來。

我希望助理能幫我做這些事：

■**起草電子郵件：**把電子郵件寫好並不容易，也很費時，尤其是你想傳達重要資訊，或是讓人對你有個好印象的時候。ChatGPT 能提供一些關於撰寫電子郵件的建議，例如用字遣詞、信件架構，以及如何收尾。

範例提示：請幫我寫一封要給我的老闆看的專業電子郵件，內容是請求與老闆見面，討論我的表現。

■**校對：**無論是一本書，還是一份簡報、一項提案，我們在提交之前，都應該力求正確無誤。ChatGPT 能幫我們修正文章的文法與拼字錯誤。

範例提示：請幫我校對這份報告，修正所有的拼字與文法錯誤。

■**開頭：**任何東西的開頭都不好寫，無論是文件、提案，還是簡報，光是開頭就很難下筆。不妨告訴 ChatGPT 你想寫什麼（只有概略的方向也沒關係），看看它的建議。也許正是能助你下筆的靈感。

範例提示：我要寫提案給新客戶看。你覺得應該採用什麼樣的架構？

虛擬構思夥伴

這是 ChatGPT 的一大長處，在你卡關、不知該如何著手進行一項工作的時候，就能派上用場。

假設老闆將某項專案交給你處理，但你不知道該朝哪個方向進行。你可以花許多時間自行研究，自己一個人苦思怎樣才能讓老闆激賞，順利完成專案。你也可以召集許多人前來開幾次會，用大把時間「集思廣益」。但與其如此辛苦，還不如問問 ChatGPT。

只要輸入與眼前任務相關的一個問題、一段陳述，甚至幾個關鍵字即可。例如你可以輸入提示：「我們要舉辦新產品發表會，能不能幫忙想一些新點子？」或是「我們公司的網站要如何調整，才會更好用？」

你輸入提示，ChatGPT 就會列出幾項構想任你選擇。這些構想可以是簡單的建議，也可以是複雜的策略。最棒的是你可以請 ChatGPT 不斷提供構想，直到找到你真心喜歡的。

與其花很多時間自行苦思，不如使用 ChatGPT，立刻就能生成許多構想。

有 ChatGPT 幫忙，你就能快點開始工作，不必浪費時間在不可行、不相關的構想上。

你鎖定了幾個構想，就能利用與同事開會的時機，評估這些構想，並擬定一項計畫。難做、乏味的事情，ChatGPT 已經幫你完成。

當然，我們還是要記住，ChatGPT 提供的構想並不是個個都可用（一群人集思廣益的構想也是一樣）。ChatGPT 提供的某些構想，可能與你的專案無關，或是難以執行。所以我們才必須運用判斷力與批判思考能力，評估 ChatGPT 提供的每個構想，決定該採用哪些。

所以結論來了：我們還是需要人力。你的工作不會被搶走。

範例提示：哪些方法可以提升職場的員工參與度以及士氣？

能不能推薦一些能以虛擬方式進行且可以凝聚團隊的活動？

我們最大的客戶表示，對我們的服務不滿意。我們該如何處理客戶的不滿，改善與客戶的關係？

虛擬總結者

記不記得有時候為了準備開會，必須先閱讀一大疊報告或文章，但你沒時間細看每一份，所以你只是約略翻過，盡量多吸收一些資訊跟重點？記不記得這樣做之後，你在會議上只能蒙混過關？

不要再蒙混過關了。現在你可以請 ChatGPT 幫你整理摘要。

你只需要將全部內容複製，貼上提示欄位（最好刪去商業性質以及機密的內容），請 ChatGPT 整理成摘要即可。要整理的內容可以是一篇文章、一份報告，甚至是一本書的幾章。ChatGPT 會生成一份摘要，包括最重要的重點，以及概要。你就能快速掌握重點，不必花許多時間將全部內容讀完。

當然，我們還是要記住，ChatGPT 生成的摘要，可能並未包含原始文件的所有細節。如果是重要資料，你又必須全盤了解，那最好還是將原始文件全部看完。不過用 ChatGPT 整理摘要，不失為快速掌握文件的梗概，決定需不需要花時間閱讀全文的好辦法。

範例提示：能不能請你將這篇文章，整理成三、四句的摘要？

這份報告的重點是什麼？

能不能請你將這篇論文，整理成簡短的摘要？

虛擬代筆作者

這是我覺得 ChatGPT 最能發揮作用的地方。我身為作者，覺得這項用途最實用，尤其是在剛開始寫作的時候。

ChatGPT 不僅能節省我的時間，還有能力生成優質內容。但還是要記住「垃圾進，垃圾出」這句老話。你給 ChatGPT 的提示，直接決定了你得到的內容的好壞（見第三章）。

舉個例子，你在寫一份商業提案，卻不知道該以怎樣的言詞表達你的意思。你可以花很多時間苦思合適的架構、風格以及開頭，也可以請 ChatGPT 幫你寫。但在給出提示之前，別忘了提供具體的情境脈絡。

範例提示：請幫我們的新產品寫一份簡介。

請幫我寫一封電子郵件，告訴客戶我們即將舉辦的活動。

請幫我起草一份簡報，介紹我們的服務所能帶來的好處。

ChatGPT 提供的結果，可能是簡短的摘要，也有可能是完整的簡報或報告。最美妙的是你可以要求 ChatGPT 繼續生成其他內容，直到符合你需求的內容出現。

下面的範例提示，是我做網站開發的朋友亞賈尼寫的。他請 ChatGPT 寫一封電子郵件，幫他說服客戶採用他們的新網站的某項功能。

範例提示：我們有項新功能，想推薦給客戶。請幫我寫一份介紹這項新功能的簡報。這項新功能叫做「神奇登入連結」，使用者點選即可直接登入，不必記住密碼。

ChatGPT：有了神奇登入連結，使用者要登入應用程式，再也不必費心記住密碼，只要透過電子郵件或是ＳＭＳ索取神奇連結，即可登入。神奇登入連結不僅能節省時間，也易於使用，還能提供額外的安全保障，因為每一個神奇登入連結都只能使用一次，過了一段時間就會失效。

神奇登入連結的好處，在於簡化了使用者登入的流程，提升安全性，也能讓使用者更便利，更滿意。

有了神奇登入連結，就再也沒有「忘記密碼」這回事。使用神奇登入連結，就能輕鬆登入應用程式。

亞賈尼將這篇簡報稍作修改後發出，客戶收到之後立即回信，表示願意採用新功能。亞賈尼說，要是沒有 ChatGPT 幫忙，他通常就得花很多時間，要拿捏好語氣，寫出得體的電子郵件，總之一切都要妥適。他說：「功能介紹往往很偏重技術，光是要說明清楚就不容易了，更何況是推銷。」

虛擬討論夥伴

你是不是花很多時間研究工作上的問題？或者你有時候獨自工作，希望能有人一起交流意見？我覺得 ChatGPT 最能解決這些問題。ChatGPT 已經成為我的「在家工作夥伴」，幫我思考主題，也在我陷入困境時，給予建議。

你提出的問題可以是簡單的詢問，也可以是複雜的研究問題。例如你可以提出這樣的提示：「人工智慧的歷史是什麼？」、「區塊鏈科技的原理是什麼？」、「最適合用於專案管理的軟體是什麼？」

視問題的複雜程度而定，你得到的答案，可能是摘要，也可能是詳細的說明。最棒的是你可以要求 ChatGPT 多提供一些答案，直到你找到最合適的那一個。

我覺得這一點最能反擊「那跟 Google 還不是一樣？」的疑問。Google 當然還是有其用處，但無論問 Google 什麼問題，通常會得到一大堆文章與網站，還得努力爬梳才能挖到寶。ChatGPT 能幫你爬梳，而且通常會迅速給出（多半）

正確的答案。不過，你若不確定答案是否正確，那還是要確認。

虛擬研究者

如果你正在進行一項研究，需要某個主題的資訊，ChatGPT可以幫你整理出相關的資料來源以及重點。你的研究就有了基礎，你也能省下許多時間與精神。不過對於這項用途，我還是要加上大大的警語，因為就我的經驗，ChatGPT推薦的參考資料與引文有些根本不存在，甚至根本不正確。你還是需要一一確認（見第二章）。

不妨請ChatGPT簡短說明你所在產業的最新趨勢與發展。如此一來，你就能與時俱進，在工作上做出更好的決策，而且你若在開會的時候說出競爭對手的資訊，會更顯得精明幹練。

範例提示：請幫我研究遠距工作對於員工生產力與工作滿意度

的影響，並將結果整理成摘要。

我想多了解一些電子商務的最新趨勢。請幫我研究這個主題，再將研究結果寫成一篇報告。

我想推出一款新產品，請幫我研究這款產品的潛在市場，包括潛在需求、目標對象，以及競爭對手。

虛擬戰術顧問

你擅長說「不」嗎？我知道我不擅長。你若需要對別人說一些尷尬的話，會不會覺得難以啟齒？

我曾經針對下列問題，尋求 ChatGPT 的建議：

■如何委婉說「不」，例如婉拒我沒時間參加的咖啡聚會，或是工作邀約。

■如何表達慰唁之意，但不說「請節哀」。

■如何寫一封專業的電子郵件，請求與一位忙碌的企業高層會面。

■如何寫一則 LinkedIn 訊息，請求與未來可能合作的商業夥伴互加好友。

■如何寫一封貼心的感謝信，向同事或商業夥伴表達感激之情。

■我正在寫一本探討生產力的書，想在書中寫一篇具名的個人化信件，請提供十五種不同的寫法。

範例提示：我即將參加一場很重要的工作面試。請幫我練習常見的面試問題，看看我的回答是否合適，給我一些建議。

我要跟老闆談加薪，但我需要一套強而有力的說法，讓老闆相信我有資格加薪。請幫我想一套有說服力的說法，也請告訴我老闆可能會以哪些理由反駁。

我的團隊有一位成員比較難搞，沒有按時完成工作，害得整個專案延誤。請幫我想想該如何站在輔導的角度，與這位成員談談。

虛擬企業顧問或戰略顧問

也許你有開創新事業、副業，或是新產品、新服務的想法，但不確定是否可行。只要用心製作提示，ChatGPT 就能迅速將你的構想化為策略計畫。

測試你的構想

提示格式：這對誰有好處？需求又有多大？（描述你的產品構想）請提供引用的統計數據或資料的來源。

範例提示：這對誰有好處？需求又有多大？一家家庭健身器材出租公司。消費者可以租用健身器材，在家健身，不必購買健身器材，也不必找地方存放。請提供引用的統計數據或資料的來源。

用你最喜歡的架構訂出策略

提示格式：使用（你喜歡的架構）擬定一項關於（產品介紹，以及你想處理的主要問題或假設）的計畫。

範例提示：使用「精實創業」架構，擬定一項關於在競爭者眾多的市場，開一家新的家庭健身器材出租公司的計畫。

擬定願景、使命與策略

提示格式：請幫我寫一份關於（輸入產品或新創企業的說明）的簡明扼要的

願景、使命與策略報告。請以下列的例子為範本。

範例提示：請幫我寫一份關於家庭健身器材出租公司的簡明扼要的願景、使命與策略報告。這家公司的消費者可以租用健身器材，在家健身，不必購買健身器材，也不必找地方存放。請以下列的例子為範本。

例子如下：

企業願景：提供平價且便利的餐點外送服務，販售新鮮營養的餐點，讓每一位、每一家消費者吃得更健康。

企業使命：依據顧客不同的飲食需求與喜好，提供多種餐點選擇，外送至顧客的家中，讓顧客輕鬆享有健康飲食。

企業策略：與本地廚師合作，設計健康美味，能滿足各種飲食需求的菜單。

餐點所用食材，來自值得信賴的供應商。

提供彈性的餐點規畫。

運用科技，簡化點餐與送餐流程。

提供極佳的顧客服務與支援。

持續蒐集顧客意見，並運用資料分析工具，提升服務品質。

甚至還可以站在反方反駁。

提示格式：請給我三個強而有力的理由，闡述下列為何不可行：（概略說明你的構想、策略、計畫）。

範例提示：請給我三個強而有力的理由，闡述下列為何不可行：開設一家家庭健身器材出租公司。消費者可以租用健身器材，在家健身，不必購買健身器材，也不必找地方存放。

名符其實的「沒有限制」

ChatGPT 經過大量文本訓練，因此生成的文章多半文法正確，而且結構扎實、有連貫性，能幫你寫出專業的電子郵件、提案與簡報。

對於視寫作為苦差事的人來說，ChatGPT 確實是救星。想像一下，以後再也不必擔心自己的措辭太冷冰冰、缺乏同理心。ChatGPT 就像一位全年無休，隨時待命的校對好幫手。

二〇二二年十二月《華盛頓郵報》的一篇文章，介紹了許多 ChatGPT 改變人生的創意用途：

■史學家安東・豪斯請 ChatGPT 幫忙找出合適的字詞。他需要一個字詞，能形容「不僅好看，還能帶給其他感官愉悅的享受」。ChatGPT 立刻送上「感官的盛宴」、「多重感官享受」、「迷人」，以及「沉浸式」這幾個詞。他大為驚奇，甚至上推特發文表示：「ChatGPT 就是殺死辭典的那顆彗星。」

■邁阿密的房地產仲介安卓斯．阿西恩有位客戶，始終打不開家裡的窗戶。多次聯繫建商，也一直得不到回應。他將客戶的怨言放上 ChatGPT，請 ChatGPT 幫忙寫一封揚言提告的信。他說：「建商突然就現身在她家門口了。」

■另一位使用者辛西婭．薩瓦德．索西爾則是請 ChatGPT 轉告她六歲的兒子，聖誕老人並不是真實人物。她請 ChatGPT 以聖誕老人的口吻寫一封信給她兒子。ChatGPT 的作品堪稱神奇。這封信表示，編造故事的本意是要讓孩子擁有歡樂又奇幻的童年，但父母的關愛絕對是真實的。辛西婭說，她沒想到 ChatGPT 寫的信會讓她如此感動，但內容正是她所需要的。

我知道你在想什麼。你在想使用 ChatGPT，會不會讓我們變得懶惰？ChatGPT 會不會搶走我的工作？答案（再說一次）是不會。ChatGPT 不是來取代你的，是來協助你的。它可以幫你完成費時又沉悶的工作，你就能專注在需要發揮專業與創造力的工作上。

我用 ChatGPT 已經一段時間了，我覺得我沒有變懶，也沒有變笨，而是得以擺脫乏味的事務。請 ChatGPT 代勞無趣的工作，就能騰出時間與精神，專注在重要的工作上。你能以更少的時間，完成更多的工作，甚至能在正常時間下班。

我想提醒一句：我們使用 ChatGPT，是要空出更多時間與空間，做重要的事。你不應該使用 ChatGPT 讓自己工作時間更長，或是為了工作犧牲個人生活。ChatGPT 之類的科技，應該要讓我們回歸能帶來無限快樂的家庭、人、事物，以及活動，而不是讓我們有空閒來做更多的工作。

要善用 ChatGPT，工作得更省力，而不是更費力。

小而美的建議

可以請 ChatGPT 提供多項答案。例如，與其說「我要送別人生日禮物，請給我一個建議」，不如說「請給我十個建議」。

不傷和氣地婉拒

我跟我的出版商聊這本書，她與高采烈與我分享，她使用 ChatGPT 的一個例子。

大家應該想像得到，商業書的出版社每天都會收到如雪片般飛來的投稿。但大家可能不知道的是，出版社因為種種考量，例如市場需求，以及做書的能力，能出版的書種有限。

所以她必須寫退稿信，很多很多的退稿信。她又是個親切又貼心的人，所以多年來不斷斟酌退稿信的用字遣詞，唯恐剛踏上寫作之路的作者失去信心。

她說：「我輸入『請以出版社的角度，寫一封親切又貼心的退稿信給一位作者』，才過了幾秒鐘，ChatGPT 就端出一封退稿信，我做出版二十年，好不容易才掌握的重點，這封信全都具備！不過這封信畢竟是個制式信函，但作為草稿倒是很實用，我只要稍加改寫就能用。」

ChatGPT 幫她寫的信是這樣的……

（作者姓名）您好

感謝您投稿敝社。謝謝您用心寫作，您願意將大作託付給我們，我們深感榮幸。

考慮再三，我們仍然只能忍痛決定，此次無法出版您的大作。您的大作文采飛揚，引人入勝，只可惜並不符合敝社當前的出版目標，不屬於優先出版的類型。

我們能體會您寫作的用心與熱忱，非常抱歉必須告訴您這樣的消息，希望不會影響您繼續寫作，繼續投稿的動力。

建議您繼續探索文學界，投稿至其他家與您的寫作風格與作品更契合的出版社。

再次感謝您投稿，祝福您寫作生涯一切順利。

敬祝　大安

（出版社名稱）

這篇文章還需要潤飾嗎？當然需要，但任何人要寫「尷尬」的信，都可以向 ChatGPT 求助，再也不必苦惱。

有句話我一定要說清楚。我的出版商並不是什麼都請 ChatGPT 代勞撰寫，只是偶爾需要寫比較尷尬的內容的時候，會請 ChatGPT 給點意見。

實驗四：教 ChatGPT 像你一樣寫作

教 ChatGPT 模擬你寫作的語態、風格以及語氣，你就可以節省編輯電子郵件、提案，以及文章之類的內容的時間。

將下列提示輸入 ChatGPT，再將你寫的內容複製貼上。

範例提示：你是分析寫作風格的專家。請你盡可能描述我的寫作風格，我以後就知道該怎麼描述我的寫作風格，你也就更能模擬我的語態寫出內容。請分析下列我所寫的內容：（按下 shift-enter）

（在這裡貼上你寫的內容）

（按下 enter）

找一些你寫的電子郵件、部落格文章、提案以及文章。我建議至少找兩個例子，以便 ChatGPT 徹底熟悉你的風格。

我與 ChatGPT 分享我寫的書的其中一章，它看完之後表示，我的寫作風格：

像説話一樣，不拘禮：你的寫作風格像説話一樣，不拘禮，所以很平易近人，也很易懂。你以簡明扼要的句子，表達你的想法。你也使用縮寫及口語化的語言，所以寫出來的東西更顯得不拘禮，更易懂。

提出問題：你懂得提出問題，吸引讀者的注意力，也鼓勵讀者思考你所提出的想法。這種方法能吸引讀者繼續看你寫的內容。

現在你熟悉了這個提示，就能請 ChatGPT 模擬你的語氣與風格，幫你寫點東西。

提示格式：請依照你先前發現的風格，以（輸入你的主題）為題，寫（你要 ChatGPT 寫的東西）。

範例提示：請依照你先前發現的風格，寫一篇六百字的文章，題目是休息、充電，以及運動，為何是增強自身生產力的基石。

其餘的就交給 ChatGPT 去做。

我要感謝企業教練艾美．山田提供這項提示。

暫停時間

你可以用 ChatGPT 做這些事：

- 為你的下一個計畫想一些有創意的構想，並確認這些構想與你的計畫相關，而且可行。
- 將複雜的研究報告或文章整理成摘要，並將重點傳達給你的團隊或同事。
- 為你撰寫優質的商業文書，例如提案、簡報，並確認內容正確且專業。

第五章 生活應用

我的朋友離婚後，成為單親照顧二個十幾歲孩子的職業婦女，也面臨一切都靠自己的壓力。所有重大決策、照顧，以及生活管理，以往有人分擔，現在全由她負責。

讓她壓力沉重的，並不只是離婚以及獨自養育二個十幾歲孩子所帶來的改變，也包括生活當中無窮無盡的管理事項，似乎一天比一天多。從付帳單、打理財務，到安排行程以及追蹤重要的文書，感覺每天時間都不夠用，無法做完每一件事。

除了這一切，她還在大型銀行任職，擔任高級主管，工作可不輕鬆。

身為朋友，我看著她努力兼顧工作、親職，以及生活管理。她大多數時候都能兼顧，但偶爾也會覺得力不從心，孤立無援，感覺始終沒有足夠的時間與精神，做完每一件事。

並不是只有她有這種感覺。

伊麗莎白．埃門斯在著作 *The Art of Life Admin* 提到，我們要打理個人生活與家務，就有無窮無盡的事情要做，包括經營與親朋好友的關係，以及維護我們的家庭與身體。但「生活管理」就像工作上的管理一樣，往往是我們最不喜歡、最會拖延的事情。儘管如此，我們還是要一一完成，生活才能有條有理，也才能正常運作。

如果你是個忙碌的父母，那你應該知道經營一個家得做多少事情，又有多麼不容易。從管理行程到打理三餐，還有其他一堆事情，感覺每天時間總是不夠用。

即使你不是為人父母，生活管理和經營一個家，也會占用你原本應該用於充電的時間與空間。

ChatGPT 可以充當你的個人管家。我們已經知道 ChatGPT 在工作上能幫你哪些忙，所以現在就要看看，它能如何簡化你忙碌的家庭生活（見圖 5.1）。也許你希望家裡有個個人助理或傭人？

虛擬助理

你可曾收到過不合理的交通罰單（例如違規停車罰單），或是家裡有需要解決的問題，無論是要請鄰居解決（例如亂吠的狗狗），或是要請房東解決（例如水管會漏水）？我們有時候不想得罪別人，不想跟別人起衝突，所以會忍受這些事情。

二〇二三年三月，英國一位大學生請 ChatGPT 幫她寫一封信，申訴一張不合理的違規停車罰單（她有停車許可），結果申訴成功。她說，平常她念書太忙，可能懶得去申訴，但這一次她覺得要申訴。

她將 ChatGPT 幫忙寫的申訴信寄出，最終罰款撤銷，她省下六十英鎊。

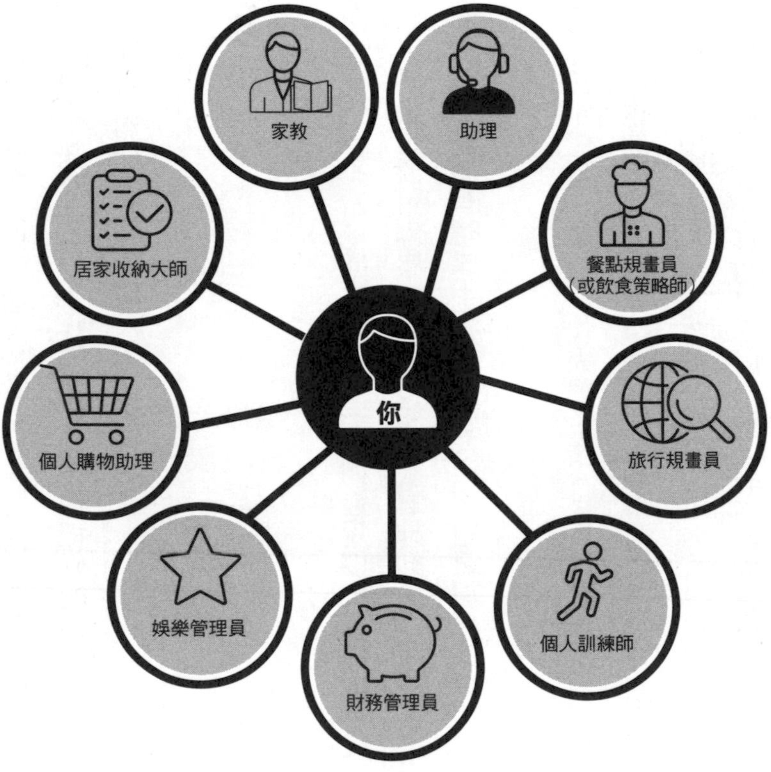

圖 5.1：你的虛擬幫手

我知道我以前遇到一些事情，明明不該吞忍，卻還是忍氣吞聲，因為我不想爭執，或是不知道該怎麼處理。ChatGPT 將我的顧慮一掃而空。

範例提示：我的鄰居白天出門上班，他們家養的狗叫個不停。在家工作的我，被狗叫聲吵到無法專心工作。我很喜歡鄰居一家人，不希望跟他們起衝突。請幫我寫一封和善親切的短信，告訴他們這個問題。

我們家的小庭院漏水，好像是洗衣機的水流出來。請幫我寫一封客氣的電子郵件，向我的房東求助。

我收到新買的產品，發現有個零件壞掉了。打電話給店家也聯繫不上。請幫我寫一封客氣，但措辭要堅定的電子郵件，請店家與我聯繫。

虛擬餐點規畫員（或飲食策略師）

可曾有過這樣的經驗？結束一天不順心的工作回到家，家人問：「晚餐吃什麼？」你很想大叫：「我不知道！能不能改變一下，換你想想該吃什麼？」

再也不用這樣了！我要向你介紹「ChatGPT 幫你輕鬆打理三餐」，又稱「如何避免對著問了個單純問題的家人吼叫」。

我要坦白承認，我雖說是個「生產力專家」，卻向來很少打理三餐。直到現在才有所改變。

我總覺得打理三餐是個艱鉅的任務，尤其是還得兼顧健康的生活方式。要考慮的因素很多，例如飲食需求、做菜、採買，以及家人的挑剔程度，想想實在令人卻步。

有 ChatGPT 幫忙，打理三餐可以很輕鬆。ChatGPT 不僅能幫你想三餐要吃些什麼，還能依據你的飲食需求與喜好，列出適合你的採買清單。

首先，我們來談談飲食限制。無論你是純素食者、素食者，還是對某些食物過敏，ChatGPT 都能滿足你的需求。你只要請它幫忙想幾款適合純素食者或生酮飲食的餐點，它就會提供多種選項，例如純素辣醬或生酮比薩。

範例提示：我有麩質不耐症，飲食有一些限制，很難找到合適的餐點。請告訴我幾道容易做的無麩質料理。

我是素食者，希望能從飲食中多攝取一些蛋白質。請推薦幾種植物性蛋白質較為豐富的食材與料理。

我對堅果過敏，很怕找不到安全又營養的零食。請推薦幾種不含堅果，也不會讓我過敏發作的零食。

想省錢嗎？

ChatGPT可以依據你的飲食規畫，提供一份在你的預算範圍內的採買清單。你依照清單採買，就不會買不需要的東西，一週所需的東西則是樣樣不缺。假設你打算做烤雞佐蔬菜、義大利麵配拿坡里醬，以及炒蔬菜，ChatGPT列出的採買清單會包括雞肉、蔬菜、義大利麵、義大利紅醬，以及其他你需要的食材。

範例提示：我買食材雜貨的預算有限，但我希望能吃到健康又美味的料理。請幫我想幾道平價又營養的料理。

我常常花太多錢採買，超出我的預算。請告訴我一些打理三餐還有採買雜貨的策略，教我如何控制花費，不會超出預算。

我想減少食物浪費，也想省錢，但不知道該怎樣運用手上的食材。請告訴我一些料理食譜與烹飪方式，讓我能用完手上的食材（輸入你家冰箱或食櫥裡的食材）。

需要靈感嗎？

如果你不知道如何利用你家食物儲藏室或是冰箱裡的食材，ChatGPT 也能幫上忙。只要說出你手上有哪些食材，請它告訴你能做哪些料理即可。也許你手上有藜麥，還有罐頭黑豆，ChatGPT 就會建議你做藜麥拌黑豆、素食辣醬，或是黑豆藜麥沙拉。如果你有剩菜，卻不知該如何發揮，那就更該向 ChatGPT 求助，就不會浪費食物，還能節省採買雜貨的開銷。

範例提示：我的冰箱裡有雞肉、米，還有青花椰菜，但我不知道能用這些做出什麼晚餐。請告訴我適合這些食材的料理。

我家的冰箱還有食物儲藏室有蛋、起司，還有麵包。但我常常做同樣的早餐，已經吃膩了。請給我一些建議，教我用這些食材，做出有創意的早餐。

我家的冰箱還有食物儲藏室裡的食材種類不多，但我希望能攝取所有該攝取的養分。請告訴我一些用日常食材就能製作、而且營養均衡的料理與零食。

趕時間嗎？

ChatGPT 能告訴你容易做、又能快速做好的料理，幫你節省時間。如果你很忙碌，不想在廚房花太多時間，可以請 ChatGPT 建議幾道三十分鐘，甚至更少時間就能完成的料理。ChatGPT 可能會推薦烤盤墨西哥雞肉捲餅、一鍋煮義大利麵，或是炒蔬菜之類的料理。在忙碌的工作日晚上，你需要趕時間的時候，

ChatGPT 尤其管用。

範例提示：我總是很忙碌，又不知道哪些料理既容易做，又能迅速完成。請告訴我一些容易做，不需要花很多時間與精力就能完成的料理。

我想準備夠吃一個禮拜的餐點，以便節省時間，但不知道能做些什麼。請推薦一些既容易做又耐放的簡單料理。

我的生活很忙碌，很少有時間做飯，但我還是希望能吃到健康美味的料理。請推薦一些容易做又不費時，我能在三十分鐘以內做好的餐點。

等一下，還沒完。牛排刀上桌了……

如果你不喜歡 ChatGPT 推薦的料理，可以請它多推薦一些。我發現，直接請它提供三個選項，而不是一個選項，我就有更多選擇。也可與 ChatGPT 對話，請它增加或減少一種食材、縮短料理所需時間，或是再給你三個建議。要記住，你不是在使用 Google。要繼續與 ChatGPT 對話，直到找到合適的答案。

我列出非常具體的飲食條件，請 ChatGPT 幫我或朋友規畫餐點，以下是我與 ChatGPT 的對話：

範例提示：請幫我想想接下來三天晚餐的菜色。我是邊緣第二型糖尿病患者，所以要盡量減少糖的攝取量，而且我希望做飯時間能控制在三十分鐘左右。

ChatGPT：第一晚：烤鮭魚配烤蔬菜

將鮭魚刷上橄欖油，撒上鹽、胡椒、蒜粉調味。烤十至十二分鐘。

將蔬菜（例如筍瓜、甜椒、洋蔥）撒上橄欖油、鹽，以及胡椒，放入烤箱烤二十至二十五分鐘。

第二晚：火雞炒蔬菜

將絞碎的火雞肉放入平底鍋，加入痲油、薑、蒜一起煮。加入切碎的蔬菜（例如青花椰菜、胡蘿蔔、荷蘭豆），煮五至七分鐘。

以低鈉醬油及少許紅糖調味。搭配糙米食用。

第三晚：烤雞沙拉

將雞胸肉置於義大利香醋、橄欖油、乾香草中醃三十分鐘。

將雞胸肉烤十至十二分鐘。

將綜合蔬菜與櫻桃番茄、黃瓜、酪梨切片混合。淋上橄欖油與義大利香醋。

追蹤提示：請將上述料理需用的食材列成採買清單，要依據超市商品分區分類。

ChatGPT：

農產品：

筍瓜

甜椒

洋蔥

青花椰菜

胡蘿蔔

荷蘭豆

綜合蔬菜

櫻桃番茄

黃瓜

酪梨

肉類與熟食：

絞碎的土雞肉

雞胸肉

鮭魚

配料：

橄欖油

鹽

胡椒

蒜粉

麻油

薑

蒜

低鈉醬油

紅糖

義大利香醋

乾香草

糙米

我都快流口水啦！

我要是不想前往超級市場，也可用這張分門別類的採買清單，上網訂購食材，請店家直接送到我家。我要是想出門，這張清單已經按照超市商品分區分類，我三兩下就能採買完畢。

虛擬旅行規畫員

我們很容易陷在日常的苦差事中動彈不得，但還是要重視休閒時間，才能在工作與生活之間找到平衡，擁有健康的生活。我們的生活如此忙碌，有時候甚至挪不出時間好好規畫休閒時間。使用 ChatGPT 就能妥善規畫出精采的假期。

我住在澳洲，喜歡旅行，也樂於探索新的地方。我度假的時間通常很短，而且往往要長途旅行，所以一定要妥善規畫。我知道有些人度假的時候，並不喜歡行程排得太死板，沒有變動的空間。你只要告訴 ChatGPT 你想要什麼樣的度假方式，它就會給你一個完善的計畫，如果你喜歡，它也可以給你一些概略的指點。

一開始可以先請 ChatGPT 推薦幾個符合你的興趣與喜好的旅遊地點、旅館及活動。這本書付梓之時，OpenAI 已經推出一款 Expedia 外掛程式（一種軟體組件，能在現有平台增添特定功能）。因此，ChatGPT 能幫你找到航班、旅館，以及活動資訊，還能列出所有的選項與價格。

ChatGPT 甚至可以幫你設計旅遊行程，包括交通工具、如何預訂，以及可參加哪些活動等細節。有 ChatGPT 幫忙，規畫度假行程一點也不難。

我輸入下面的提示（我覺得很籠統），得到的結果卻令我驚喜：

範例提示：我五月要在法國停留三週。我打算到法國各地旅遊，以搭乘火車為主。我要在巴黎停留三天，再到法國南部的小村莊停留一段時間。我們想外出用餐，想盡量多吃一些當地農產品。這次旅行也想去馬賽，也許會在那裡停留個幾天。能不能幫我們安排行程？

ChatGPT：

第一至第三日：巴黎　最初幾天在巴黎停留，欣賞這座美麗城市的美景與聲音。參訪艾菲爾鐵塔、羅浮宮、聖母院。沿著香榭麗舍大道散步。在傳統的法國小酒館或小餐館用餐，品嘗當地美酒。

第四至第七日：亞維農　搭乘火車從巴黎前往亞維農。亞維農是位於法國南部的美麗城市，以中世紀建築及賞心悅目的鄉間聞名。花幾天時間探索這座城市，前往鄰近城鎮索爾格河畔利勒。這座城鎮以古玩市場及本地農產品聞名。嘗嘗這個地區的美食，例如普羅旺斯燉菜、馬賽魚湯，以及奶油烤布蕾。

這份行程很長，所以我快轉向前。

第十五至二十一日：法國南部的小村莊　旅途的最後一週，不妨停留在法國南部的小村莊，例如聖保羅德旺斯或戈爾德。享受寧靜的鄉間，品嘗本地可口的農產品，例如橄欖、羊酪，以及松露。可以參加烹飪課，或是品酒行程，享受法國南部的悠哉生活。

等一下，第十五至二十一日的行程，我需要比較具體的建議。

追蹤提示：能不能推薦適合上述第十五至第二十一日行程的另一個小村莊？

ChatGPT：博尼約　位於呂貝龍區的中心，博尼約是一個風景如畫的村莊，坐落在山頂上，以狹窄蜿蜒的街道，古老的石造房屋，以及俯瞰山谷的極致美景聞名。村裡有幾家一流的餐廳與小餐館，供應傳統普羅旺斯美食，還有每週營業一次的本地農產品市集。

等一下，那能不能搭火車去呢……我最好確認一下。

追蹤提示：我能不能搭火車去那裡？

ChatGPT：可以的，可以搭火車，只是可能要從距離最近的火車站，再搭乘公車或計程車走一小段路。要前往博尼約，你可以搭火車到亞維農，再轉乘當地的公車，直達博尼約。總共需時大約一個半小時。

坦白說，我輸入這個提示，純粹是想為這本書多蒐集一個範例，但現在我真的想在五月去法國旅遊。

但等一下……還有一個問題……ChatGPT 說我**可以**搭火車跟公車，難道我就**一定要**搭嗎？

假設我依照 ChatGPT 的建議，在戈爾德停留。白天要去博尼約，ChatGPT 叫我搭火車去亞維農，再搭公車到博尼約，說這樣大約需要一個半小時。那我造訪這個小村莊一天，就要花三小時搭乘大眾運輸工具！未免太久了吧！

我按照常理判斷，認為 ChatGPT 給的也許不是最佳建議，我可能要自己做點功課，才能規畫這段行程。

於是我打開 Google 地圖，原來博尼約與戈爾德相距僅僅二十分鐘左右……而且是開車的距離！何況根本**沒有**從戈爾德開往亞維農的火車（要注意，ChatGPT 也沒告訴我，我該到**哪裡**搭火車）。

ChatGPT 針對這一帶，給了我很好的觀光建議，幫我設計的旅程還不錯……大致上還不錯。ChatGPT 針對我想去的地方，依據許多人的選擇，給我一些旅遊建議，也告訴我為何應該去這些地方度假。

所以 ChatGPT 真的幫我節省不少時間。不然我就得花一堆時間瀏覽旅遊網站，才能發掘 ChatGPT 推薦給我的這些很有意思的旅遊景點。然而，它回答我的問題，卻是完全按照字面上的意思，說我**可以**搭乘大眾運輸工具，前往這些地方。它並沒有進一步（像人類一樣）思考，我是否**一定要**搭乘大眾運輸工具。

我從這次的經驗學到什麼？ChatGPT 真的能幫你省下不少做功課的時間，但你還是應該用常理推斷，確認重要的旅遊細節，例如該如何從甲地到乙地！所以，雖說我要去法國旅遊可能得租車，但我還是會請 ChatGPT 幫我規畫假期。

範例提示：我們家有四人，包括兩個分別是八歲與十歲的兒童，想去澳洲東岸度假二週。請幫我想一個經濟實惠的露營拖車度假計畫。

在一月學校放假的期間，澳洲哪些地方最適合全家旅遊？

我們家有五個人，包括一個六個月大的嬰兒，想在澳洲度過為期二週，符合永續旅遊精神的環保假期，請問澳洲的哪些地方最適合我們全家？

如果你對打理三餐或規畫假期沒興趣，ChatGPT 在其他領域也可助你一臂之力，幫你節省時間。

虛擬個人訓練師

活得有點像個沙發馬鈴薯，想健身卻又不知該怎麼開始？不想花那麼多時間研究那些也許根本不適合你的體適能程度、你也不見得有時間去做的運動計畫？只要告訴 ChatGPT 你的健身目標、喜好的運動方式，以及空檔時間，它就能設計適合你的運動計畫，你就不必自行摸索。

提示格式：我今年（輸入年齡）歲，體適能程度為（輸入程度）。我想要（運動的目的），但不知道該怎麼開始。能不能請你推薦一些（輸入條件）的運動？

範例提示：我今年四十五歲，體適能程度為初學者，也就是較低。我想養成經常運動的習慣，但不知道該怎麼開始。能不能請你推薦適合初學者，而且不必去健身房也不必購買器材的運動計畫？

虛擬財務管理員

每天要忙的事情這麼多，是不是覺得難以掌握你的支出與預算？ChatGPT能告訴你該如何記錄支出、設定預算，以適合你的生活與目標的方式存錢，讓你輕鬆打理個人財務。不過還是要再次提醒，最好不要在全球的公共資料庫中，透露太多個人財務的細節。

提示格式：我的理財目標是（輸入目標）。我有一些財務上的負擔，例如（輸入負擔）。請提供一些建議與參考資料，讓我能早日實現目標。

範例提示：我的理財目標，是在未來十年還清房貸。我有一些財務上的負擔，例如要供應孩子們一路讀到大學畢業。請提供一些建議與參考資料，讓我能早日實現目標。

虛擬娛樂管理員

是不是再也不想耗費大把時間，尋找最精采的電影與電視節目，要與親朋好友共享，結果找到的卻不合胃口，弄得大家不愉快？

ChatGPT可以推薦最適合你的娛樂，依據你的興趣與喜好，推薦你應該會喜歡的電影、電視節目與播客。你往後的家庭電影之夜還有長途車程就能更愉快、更沒壓力。

提示格式：我最近要（輸入情況），請依據我們以往喜歡的（輸入至少三個例子），推薦（特定的娛樂）。

範例提示：我最近要乘車旅行，請依據我們以往喜歡的「哈利波特」、「納尼亞傳奇」，以及「Stuff you Should Know」播客，推薦一些有聲書及播客節目。

虛擬個人購物助理

挑選要送別人的禮物可不容易。一不小心就變成買了自己喜歡的東西，而不是對方想要的東西。還是讓 ChatGPT 當你的個人購物助理。ChatGPT 能依據你的朋友的興趣與喜好，幫你挑選適合當前場合、你朋友也會喜歡的禮物，或是推薦新產品。你就能節省時間，也不必在網路上找個不停，找到心累。

提示格式：我要買禮物給（輸入年齡）歲的（輸入此人身份）。他喜歡（輸入標準），不喜歡（輸入標準）。他以前喜歡的禮物是（如果你知道此人喜歡的禮物，那就輸入，否則就省略這一句）。請幫我想十種適合他的禮物。

範例提示：我要買禮物送我三十六歲的大嫂。她喜歡烹飪、食譜、小器具，不喜歡花太多時間打理三餐。她以前喜歡的禮物，包括名廚寫的食譜、日本刀具組，以及無線家電。請幫我想十件適合她的禮物。

虛擬居家收納大師

要用的東西老是找不到？感覺家裡雜亂無章？ChatGPT可以是專為你服務的收納女王。它能告訴你雜亂無章的家該如何收納，也會指點你如何改善工作空間，你就有更多時間可以專注在你的嗜好、工作，以及其他能讓你快樂的事情。

提示格式：我的（輸入空間）真的是雜亂無章，已經影響到我的（輸入哪一方面）。能不能請你推薦一些（例子）或是其他訣竅？

範例提示：我的臥室真的是雜亂無章，已經影響到我的休息與睡眠。能不能請你推薦一些收納方法或是其他訣竅？

虛擬家教

對於應不應該允許學齡兒童使用包括 ChatGPT 在內的人工智慧工具寫作業，有兩派觀點。

在二〇二三學年開始之際，澳洲的西澳州與維多利亞州的公立學校，加入新南威爾斯州、昆士蘭州，以及塔斯馬尼亞州的行列，禁止學生在學校使用 ChatGPT。這是呼應美國、法國，以及印度的學區所頒布的類似禁令。

並不是每個人都認同這種禁令。

澳洲教育研究委員會副執行長凱薩琳．麥克萊倫博士表示，這種擔心科技會危害教育的恐慌心態，並不是新鮮事。她說，學習科技的每一次進步，包括紙張、石板，以及網際網路，都有人認為會危及傳統學習方法。她認為與其禁用人工智慧，不如認真研究如何運用人工智慧改善教育。

南澳大學的喬治・西蒙斯教授是人工智慧與教育的國際專家。他認同麥克萊倫博士的觀點。他說，教師與其迴避甚至禁用人工智慧，不如多加探索、實驗，了解人工智慧的可能性。

例如，ChatGPT可以幫忙撰寫範例教案，也可以提供程式設計教學的構想。教師就會有更多時間與學生交流，開創更多個人化且有意義的學習機會。

在另一陣營，有些學校則是開始教學生使用人工智慧。

在美國肯塔基州的一個課堂上，唐尼・皮爾希要他的五年級學生與ChatGPT鬥智。有些學區禁止使用ChatGPT，皮爾西卻認為，這是讓學生適應越來越倚重人工智慧的未來世界的好機會。

「從事教育業的我們，還沒想出人工智慧的最佳使用方式，」皮爾希說，「但無論我們喜不喜歡，人工智慧都會降臨。」他認為，科技不斷發展，從計算機到Google，也引發運用科技作弊的疑慮。而人工智慧，只是科技持續發展的最新篇章。

皮爾希設計的 ChatGPT 挑戰，是一種好玩的互動式寫作遊戲。學生要判斷哪一篇摘要是 ChatGPT 寫的。這款遊戲能讓學生了解人工智慧的作用與侷限，也是很有趣的學習體驗。

任何人只要（一）有一定的年紀，而且（二）生活在澳洲，就會記得澳洲電信在二〇〇五年推出的一檔經典電視廣告，一對父子在開車，年幼的兒子問父親：「爸，他們為什麼要蓋中國的長城？」

父親的回答堪稱經典。他說，萬里長城建於「……印尼炒飯皇帝統治期間，目的是為了抵擋兔子。中國的兔子太多了。」

下一個畫面是在課堂上，老師宣布：「現在由丹尼爾跟大家聊聊中國。」

電視廣告的原意，是呼籲大家要上網研究，不過現在世界各地的父母都能用 ChatGPT，輔導孩子做作業。我們在第二章談過正確性的問題，不過你從 ChatGPT 得到的可靠資訊，應該會比丹尼爾從澳洲電信廣告得到的多一點。

我的意思不是要你幫孩子寫作業，而是最好能指點正確的方向。寫作業遇到的問題，可以直接請教 ChatGPT。例如你的孩子不會解數學題目，你可以將題目複製到 ChatGPT，請它說明解題的步驟，而不是直接解答。你也可以請它提供額外的練習題，或是解題的訣竅，讓孩子自行解題。

可以問 ChatGPT 一些關於時事、歷史事件，或是科學概念的問題，再順著主題多聊幾句。更理想的作法，是鼓勵你的子女與 ChatGPT 對話，學會批判思考、衡量不同的觀點，以及憑藉證據提出主張。

舉個例子，我最近聽說有位學生，將 ChatGPT 當成輔導自己念書的夥伴。

範例提示：我在研究俄國革命。請問問我幾個關於俄國革命的問題，看看我了解多少。

你也可以請 ChatGPT 舉例說明某一種概念，或請它引導你的子女創意思考，解決問題。

以下是 ChatGPT 能輔導孩子完成家庭作業的十種方式。ChatGPT 可以：

一、解釋難懂的術語與概念。

二、回答關於某個主題的問題。

三、解釋數學公式，解答數學題目。

四、舉出更多例子說明概念。

五、提供一些作文作業的建議與訣竅。

六、提供研究計畫所需的資訊及資料來源。

七、提供額外的練習題，強化理解與記憶。

八、提供創作所需的構想與靈感。

九、解說歷史事件，介紹不同文化。

十、介紹讀書方法，以及考試的答題策略。

ChatGPT 能扮演多功能個人家教，引導你的子女進一步了解概念，增強解決問題的能力。但我們還是要務實：ChatGPT 並不能取代老師或家教，我們也不能全靠它培養批判思考的能力。

重點總結

如果你是職業父母，忙完一天的工作回到家，還得思考家中大小事，確實很辛苦。這種現象稱為「決策疲勞」。在當今的世界，我們每天要做的選擇與決策如此之多，一天忙完回到家，已是精疲力盡。

人工智慧與 ChatGPT 雖然（還）不能幫你付帳單，卻絕對能幫你處理日常生活的許多決策。你就不會要嘛決策錯誤，要嘛完全不決策！

小而美的建議

與 ChatGPT 分享個人資訊或機密資訊要小心。ChatGPT 會將使用者輸入的所有資訊，存放在它的資料庫，所有其他使用者及人工智慧程式皆可使用。有個基本原則很值得參考，如果你不希望這項資訊登上全國性報紙的頭版，那就不要與 ChatGPT 分享。

復仇者聯盟集合！

我的一位親戚是職業婦女，有三個不到五歲的小孩，其中二個女孩是雙胞胎。她的週末通常就是忙著參加一場又一場的活動與生日派對。她很難抽出時間，幫自己的孩子籌辦生日派對。

她看著兒子裝扮成鋼鐵人，在家裡跑來跑去，又看到兒子的幾個復仇者聯盟公仔，就知道下一場派對該用什麼主題。但她每次坐下來規畫，都只能想到「邀請函與蛋糕」。

她向 ChatGPT 求助。

範例提示：我的孩子今年五歲大，喜歡復仇者聯盟，請幫我想一些復仇者聯盟主題的生日派對活動。

ChatGPT：沒問題，以下是適合喜歡復仇者聯盟的五歲兒童的主題生日派對活動：

復仇者聯盟障礙賽：在你家後院或是附近的公園搭設場地，可以依據復仇者聯盟電影的場景，設計跑道上的「障礙」。

復仇者聯盟手工坊：設置一個手工坊，讓孩子自行製作復仇者聯盟面具、盾牌等道具。

復仇者聯盟皮納塔：將復仇者聯盟主題的糖果與玩具裝入皮納塔，讓孩子們輪流拿著棍棒敲打。

希望你能運用這些構想，幫你們家的五歲小朋友規畫一場好玩又難忘的生日派對！

追蹤提示：派對是早上十一點開始，下午二點結束。請用上述活動，訂出派對的時程表。

ChatGPT：沒問題，以下是從早上十一點到下午二點，總共三小時的派對的時程表範例。共有三項活動，全程提供飲水與點心：

早上十一點至十一點十五分：迎接客人抵達

歡迎客人，帶他們到活動區進行短暫的迎賓活動。

早上十一點十五分至中午十二點：復仇者聯盟障礙賽

派對的第一場活動，是復仇者聯盟障礙賽，小朋友扮演自己最喜歡的復仇者聯盟角色，一決勝負。

中午十二點至下午一點：復仇者聯盟手工坊

孩子們可以自行製作復仇者聯盟面具、盾牌等道具。記得提供彩色圖畫紙、馬克筆、貼紙，以及膠水之類的材料。

下午一點至一點四十五分：復仇者聯盟皮納塔

以裝滿復仇者聯盟主題的糖果與玩具的皮納塔，作為派對的尾聲。

下午一點四十五分至二點：蛋糕與再見

趁孩子們還沉浸在皮納塔遊戲的興奮情緒中，送上生日蛋糕與點心。記得要拍張大合照。向客人道別，同時送上小禮物，也別忘了道謝。

追蹤提示：請幫我寫這場派對的邀請函。

ChatGPT：沒問題，你可以參考下列的邀請函，邀請客人參加你們家的復仇者聯盟主題派對：

復仇者聯盟集合！

（孩子的名字）的五歲生日即將到來，誠懇邀請您參加我們家小小英雄的超強生日派對。
日期：（輸入派對日期）時間：早上十一點至下午二點
地點：（輸入派對地點）
活動：
復仇者聯盟障礙賽
復仇者聯盟手工坊
復仇者聯盟皮納塔
歡迎您裝扮成您最喜歡的復仇者聯盟角色，一起狂歡！我們要凝聚大家的力量，為我們家的小小英雄，創造難忘的回憶。
敬請於（輸入回覆期限）之前回覆，告訴我們能否參加這次的大冒險。
期待與您一同歡慶。
敬祝　大安
（你的名字）

這……也太神奇了吧！

實驗五：棘手的情況

遇到棘手的情況，可以用這個提示，向 ChatGPT 尋求建議。

提示格式：我是（輸入身份，例如母親或父親），有個（輸入年齡）歲的（輸入身份，例如朋友、兒子、女兒）。

範例提示：我是一名父親，有個五歲的女兒。我該如何教她管理財務？

範例提示：我是一名母親，有個十五歲的兒子。我該如何幫助他提升自尊？

現在你應該漸漸熟悉了寫提示的訣竅，可以試試將這些範例的原則（情境、問題、提示），套用在其他事情上，例如：

- ■我跟一個不肯分擔家事的人一起住。我該怎麼跟他談這個話題？
- ■我們結婚至今已有九年，十週年紀念日即將到來。請幫我們想五種不必出門旅行，就能慶祝十週年的方式。
- ■今年我們決定，家人之間要互相贈送「零成本」聖誕禮物。家裡孩子的年齡是三至十四歲，大人的年齡是三十二至七十八歲。能不能幫我想十種可以送給孩子，還有十種可以送給大人的不必花錢買的禮物？

最後一項有點像#幫朋友（就是我自己）問，因為我們家就打算這麼做。建議你自己跟 ChatGPT 玩耍，看看你輸入的變量能得到什麼樣的結果。我對 ChatGPT 的建議很滿意。

暫停時間

在生活管理方面：

■哪些料理是你一直想做，但沒時間，也不知道該怎麼做的？該怎麼讓 ChatGPT 依據你的飲食需求與喜好，幫你設計菜單，再開出一份適合你的採買清單？

■還有哪些讓你覺得耗時費力的家事？ChatGPT 能幫上哪些忙？

■該如何使用 ChatGPT，將家庭時間做最好的安排？

第六章
基本功能之外的應用

世界上的第一輛汽車，是卡爾・賓士於一八八六年發明。當時大多數人的交通工具，是馬兒拉的馬車，受過訓練的馬車夫以韁繩控制馬兒，拉著馬兒往左，往右。

早期的汽車設計也是以傳統馬車為依據，駕駛所用的儀器更像是舵柄，以前的馬車駕駛操作起來會覺得更熟悉。

直到八年後，艾弗雷德・瓦什隆才駕駛著裝有方向盤的汽車，參加巴黎至盧昂的賽車比賽。裝了方向盤的車子不僅更容易駕駛，行駛速度也較快。

方向盤是當時的人並不熟悉的新科技，後來證明遠勝於舵柄。人工智慧與ChatGPT 同樣也是新科技，讓我們不得不重新思考自己對於資訊與創造力的看法。堅持要尋找韁繩，也就是固守現有的思考方式，只會害得自己無法進步。

這本書你若已經看到這裡，那你可能跟我一樣會向 ChatGPT 求助，請它告訴你某些事情該如何起頭，也提供你一些建議。你現在已經熟悉基本使用方法，用起 ChatGPT 應該是得心應手，也能產生極佳的內容。

現在的你在尋找一個能讓你做事更輕鬆、更快速的方向盤，這也是好事，因為 ChatGPT 能做到的，並不僅止於基本功能。你還可以試試用 ChatGPT 做很多事情，讓你的生產力更上層樓。

我知道你可能在想：「我都已經學了這麼多了！難道還有更多可以學？」答案是一個響亮的「**是**」。ChatGPT 是一項極為強大的工具，許多功能與技巧是你可能還沒接觸到的。你試試其他的技巧，就能以更快的速度，而且幾乎不費吹灰之力，即可創造更吸引人、更有深度的內容，也就能騰出更多時間，做更重要的事。

我們廢話少說，這就來瞧瞧 ChatGPT 還有哪些作用，能進一步提升你的提示，連帶也讓你得到更理想的結果（整理於圖 6.1）。

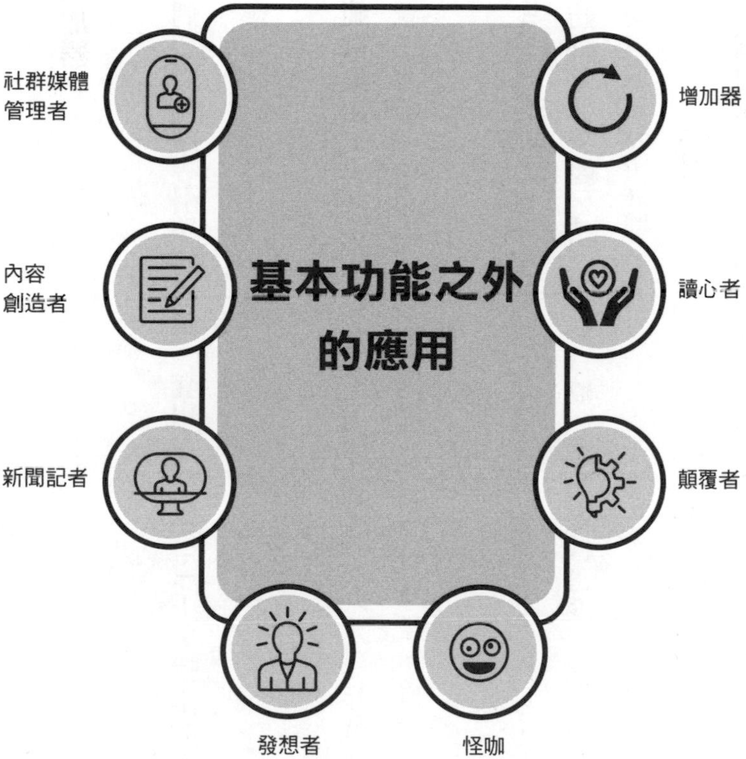

圖 6.1：基本功能之外的應用

虛擬增加器

我們若將「搜尋引擎的思維」套用在 ChatGPT 上，提出的提示就會只要求它提供一個構想。舉個例子：

範例提示：我的姊夫今年四十歲，喜歡一九八〇年代的音樂。請幫我想一個適合他的生日禮物。我的預算是一百美元。

ChatGPT 有能力幫你想三個、五個、十個甚至更多構想，你何必只要求一個？不妨就某個主題，請 ChatGPT 幫你想出幾種答案，你就能有所選擇，亦可濃縮精簡，或是分辨好壞。

範例提示：請幫我想十種我可以跟八歲大的姪女一起做的藝術

創作與工藝活動。

請幫我以「改善睡眠品質為何能增強生產力」為題，想出五個部落格文章的構想。

請告訴我能用番茄、馬鈴薯、牛排與米飯做出、且既容易做，又能快速完成的七種料理。

虛擬讀心者

ChatGPT 最棒的功能之一，是能模擬專家的說話語氣。無論你要寫的是某個產業、趨勢還是主題，ChatGPT 都可以幫你以產業內部人士的視角撰文，提供有深度的見解與建議給你的讀者。

舉個例子，你可以請 ChatGPT 告訴你，你的目標客戶或是目標觀眾的希望與恐懼。

範例提示：請告訴我，渴望升上最高管理層的職場女性主管，有哪些希望與恐懼？

請從另一個政黨的政治人物的觀點，起草一份演講稿。

請從一位倡導素食的純素食者的觀點，撰寫一篇部落格文章。

虛擬顛覆者

顛覆傳統觀點，創造真正令人耳目一新的內容。與其重彈老調，重申那些舊想法與觀點，不如從別出心裁、打破框架的新角度切入。

舉個例子，如果你正在寫作很有爭議的主題，不妨請 ChatGPT 提供幾個與主流論述相反的例子。你就能寫出發人深省的內容，挑戰讀者的想法，也引導讀者以跳脫框架的新方式思考。

範例提示：請幫我寫一篇新聞報導，以正面的角度，報導向來較為負面的主題，例如「失敗為何會是成功的關鍵」。

請幫我寫一篇部落格文章，挑戰一種很普遍的觀念，例如文章的題目可以是「忙碌為何不等於有生產力」。

請幫我寫一篇有說服力的文章，反駁一種很普遍的觀念，例如文章的題目可以是「社群媒體為何對我們的心理健康有益」。

虛擬怪咖

你給 ChatGPT 別出心裁的提示，ChatGPT 就能發揮創意潛能，給你意想不到的獨特答案。可以試試較為開放式，或是較為抽象的提示，看看 ChatGPT 能生成怎樣的內容。

舉個例子，可以列出幾種不尋常的食材，例如培根與冰淇淋，請它幫你想出一種料理。也可以請 ChatGPT 寫一則含有雙關語的幽默版食譜。

範例提示：請幫我寫一則發生在有二個太陽的行星上的短篇故事。

請幫我寫一首詩，內容要包括幾種語言的文字。

請幫我用清單體寫一篇文章，主題是世界各地最奇特的食物。

虛擬發想者

如果想從新的概念、新的角度切入熟悉的主題，可以請 ChatGPT 幫你想想。與其請 ChatGPT 提供幾個主題，不如請它幫忙想幾個新奇的角度。舉個例子，如果你要撰文介紹某項產品或服務，可以請 ChatGPT 幫你想一些宣傳新招，或是鎖定不同的受眾群體。你就能寫出更有創意，更吸引人的內容，征服你的目標受眾。

範例提示：我們全家晚上要出遊，請幫我們想一些有創意、好玩、獨特，又不需要花很多錢的活動。

請幫我想想，現有的一款應用程式可以增加哪些新功能，或是哪些地方可以改良，例如含有虛擬實境功能的語言學習應用程式。

請幫我想一些能凝聚團隊的特別活動。

虛擬新聞記者

從不同的觀點寫作，內容就會更有深度與廣度。如果你寫作的主題較有爭議，可以請ChatGPT協助，從不同的群體或個人的觀點，提出不同的意見。你就能寫出更細膩、更全面的內容，翔實呈現主題的複雜程度。

例如，你可以請ChatGPT從當地人的觀點，撰寫某地的旅遊指南。可以請ChatGPT撰文介紹一流的本地餐廳、很少觀光客知曉的旅遊祕境，或是從內行人的角度，指點遊客怎樣玩最精采。

範例提示：請以一個曾經當過沙發馬鈴薯的人的觀點，寫一篇文章探討養成運動習慣的好處。

請從文化觀點，而非宗教觀點，分析齋月對於穆斯林的重要性。

觀光業對於峇里人有何影響？又是如何改變或塑造了本地的文化？

虛擬內容創造者

嘗試不同的寫作風格與語氣，就能寫出更多變、更活潑的內容。例如你可以請 ChatGPT 以幽默或諷刺的語氣寫作，或是採用較為嚴肅、較為學術的文風。

可以請 ChatGPT 針對氣候變遷、政治之類的嚴肅主題，寫一部喜劇小品。也可以請 ChatGPT 寫一篇諷刺文，嘲諷時事與當前趨勢。

範例提示：請幫我寫一篇嚴肅的學術論文，題目是時空旅人人生當中的一天。

請寫一篇輕鬆幽默的產品評論，闡述這台吸塵器如何改變了我的人生。

請幫我寫搞笑版的喪屍末日生存指南。

虛擬社群媒體管理者

請 ChatGPT 以不同的體裁寫作，就能創造更變化多端，也更吸引人的內容。不僅如此，你還能重複使用一篇內容，製造出許多不同風格的文章。例如你已經寫好一篇長文，或是部落格文章（而且也願意與 ChatGPT 分享），那你可以請 ChatGPT 將文章整理成圖表、條列內容，或是將文章分拆成長度在二百八十字以內、適合發表在社群媒體的短文。

範例提示：請將下列文章分拆成長度在二百八十字以內、適合發表在社群媒體的短文（貼上文章）。

請將這篇文章整理成表格。表格的一欄是文章的重點，另一欄是簡短說明（貼上文章）。

這篇內容能以哪幾種方式，改寫成適合在社群媒體上發表（貼上內容）？

你看，還有這麼多用途！現在的你已經是ChatGPT專家，做好了生產力更上層樓的準備。你的工作的質與量都將一飛沖天，你就有更多時間、精神以及注意力，留給休閒以及其他值得做的事情。

小而美的建議

要有禮貌。你若出言冒犯，或是提出不恰當的要求，ChatGPT 可能會警告你，或是不願回答你的問題，甚至你的帳戶都有可能被停用，或是被撤銷。

異想天開玩人工智慧：致敬的俳句

我越來越覺得，將 ChatGPT 用於雖不見得實用、卻很好玩的用途，不僅有樂趣、有創意，也很有啟發性。

我請它模仿莎士比亞的風格，以馬鈴薯為主題，寫一首俳句詩。

ChatGPT 果然沒讓我失望：

啊，馬鈴薯，其貌不揚

蘊含滋味，至高無上
土中生長，光芒萬丈

真的是太威啦！

實驗六：貼心的個人化服務

ChatGPT 能依據個人的喜好與行為，做出個人化的推薦。

先想一想你的喜好，再請 ChatGPT 推薦你可能會喜歡的書籍、電影等產品。

打開 Word 文件，放入表格或試算表（或記事本），列出下列內容（見表 6.1）：

表 6.1：列出你的喜好

標題	例子	你的喜好
最喜歡的類型	你最喜歡什麼類型的書籍、電影、電視節目或音樂（例如科幻、愛情喜劇、嘻哈音樂）？	
最喜歡的作家／藝術家	你最喜歡的作家、導演、音樂工作者是誰？	

喜歡的形式	你喜歡使用什麼形式的媒體？例如電子書、有聲書，或是實體書。	
時間限制	你有多少時間可以使用媒體（例如你喜歡較長的小說、電影、活動，還是較短的）？	
心情	你現在的心情如何（例如是快樂、悲傷，還是壓力很大）？	
當前事件	你現在有哪些感興趣或是擔憂的事（例如是否在關注一則新聞，或是對某個主題感興趣）？	
社交圈	你的親朋好友喜歡哪些類型的表演、播客，以及音樂？	
學習方式	你喜歡哪一種學習方式（例如觀察、閱讀、實作）？	
過往購買紀錄	你以前購買過哪些書籍、電影，或是音樂？	
評論	你願意分享哪些你以前給出的媒體評論與評分？	

亦可依據你的需求，增設其他欄位。你提供 ChatGPT 的資訊與脈絡越多，ChatGPT 能給出的實用建議就越多。

上述資訊的每一項，都能寫成提示，引導 ChatGPT 給出更個人化，更貼近你的需求的答案。

範例提示：我喜歡科幻以及時空旅行故事，我最喜歡的小說家是史蒂芬．金。我喜歡兩百五十頁以內的實體書。請推薦十本我可能會喜歡的書。

ChatGPT：赫伯特．喬治．威爾斯的《時間機器》：這部經典小說描寫一位男子穿越時空，前往遙遠未來。

奧克塔維婭．巴特勒的 *Kindred*：這部現代經典描寫一位年輕女子穿越時空，回到美國南北戰爭前的美國南方，直面奴隸制度的黑暗面。

黛安娜・蓋伯頓的《異鄉人》：這部時空旅行愛情小說的主角，是一位二次世界大戰時期的護理師，穿越時空回到十八世紀的蘇格蘭。

你應該明白怎麼做了。

ChatGPT 開出的書單不錯，有些我已經讀過，但也有幾本我沒讀過的。逛書店固然有其樂趣，但 ChatGPT 不到十秒就開出書單，比亞馬遜的「根據您的瀏覽紀錄推薦」演算法速度更快，也更討喜。

暫停時間

拿出玩耍的精神，測試 ChatGPT 的極限：

- 角色扮演：請 ChatGPT 模擬某領域或產業專家的口吻。你就能運用 ChatGPT 提供的專業見解與建議，製造吸睛又能提供實用資訊的內容。
- 挑戰傳統觀念：與其老調重彈，不如請 ChatGPT 提供幾個與主流意見相反的例子，你就能寫出發人深省的內容，挑戰你自己以及讀者的想法，引導所有人以跳脫框架的新方式思考。
- 當個怪咖：你給 ChatGPT 別出心裁的提示，ChatGPT 就能發揮創意潛能，給你意想不到的獨特答案。可以試試將看似不搭的東西組合在一起，看看 ChatGPT 能生成怎樣的內容。

未來的發展

隨著新版本的人工智慧接連問世，資料儲存量更大，功能也更複雜，ChatGPT 在未來也有可能發展出無窮無盡的新功能，幫我們節省時間，提升生產力。

ChatGPT 並不是目前唯一一款叱吒風雲的人工智慧。你可曾聽過 DALL-E？

DALL-E 是一款人工智慧工具，能依據文字敘述生成圖像。我覺得它特別好用，因為我以前都是使用圖庫，感覺那些圖片並不完全符合我的需求。只要向 DALL-E 描述一個場景，或是一種概念，它就能生成符合你需求的圖像。

舉個例子：試試 DALL-E。只要用你平常使用 ChatGPT 的 OpenAI 帳戶即可。

前往 https://openai.com/dall-e-2/。

用你現在的 OpenAI 帳戶與密碼。

開始試試不同的提示。請它生成下列圖像：

- 沙灘上的樹屋
- 一個完全以巧克力做成的茶壺
- 彈吉他的大貓熊
- 雷根糖做成的熱氣球
- 飛越城市天際線的龍
- 大章魚打籃球
- 一處沙灘，棕櫚樹完全是用鉛筆做的
- 太空船降落在彩虹上
- 小丑拿行星玩雜耍
- 杯中有風景的馬克杯

你可以將這些提示當作起點，試試 DALL-E 還能生成哪些別出心裁的圖像。

祝你玩得開心！

等一下：生成的圖像的所有權歸誰？

根據你在建立 OpenAI 帳戶時所同意的服務條款，你創造的任何圖像（服務條款稱之為「生成圖像」），所有權都歸 OpenAI 所有。OpenAI 允許你賣出你的 DALL-E 圖像，只要有人願意付錢向你購買明明可以免費取得的圖像。

現在你可以將你的 DALL-E 圖像用於商業用途，問題是你無法阻止別人將你的圖像用於商業用途。

在這種情況，法律應該要跟得上科技。

還有些什麼？

介紹各種可能性以及其他科技，往往很難打住。想知道哪些應用程式最適合你，最好的辦法還是自行探索。

除了 ChatGPT 之外，這幾款應用程式也使用人工智慧，替人類分擔某些較為乏味的工作，讓人類有更多時間與空間享受生活。

即時照片編輯

ClipDrop 是一款即時圖片與影片編輯應用程式。使用者運用自己的智慧型手機的相機，就能即時擷取照片或影片中的物件。這種科技可望改變我們編輯、操作視覺媒體的方式。我們可以一邊做其他事情，一邊迅速製作獨特的新內容。

也許你是美食部落格格主，在餐廳拍攝眼前餐點的照片。使用 ClipDrop 就能輕鬆擷取照片裡的食物，放在不同的背景。你的部落格或社群媒體就會多一張吸睛的圖片。你也可以在圖片加上文字或其他元素，更能吸引讀者。

舊內容再利用

Lumen5 是一款人工智慧影像生成工具。使用者可以運用現有的內容，例如部落格文章、其他文章，以及社群媒體貼文，生成影片。企業與內容創造者可以立刻將文字內容，轉化為具有吸引力的影片內容。

多年來我經常製造內容，發表部落格文章。有 Lumen5 幫忙，我可以在短時間內將現有的部落格文章或其他文章，轉化為誘人的影片，還可以加入圖片、動畫及其他效果，讓影片既好看又專業。

應用程式似乎不斷推陳出新，無窮無盡。下面還要介紹五款功能很奇特的人工智慧應用程式，每一款都能幫我們節省時間。

一、人工智慧平台 Symrise 能依據顧客喜好的分析資料，生產客製化的香氛。

二、IMG Flip 使用人工智慧演算法，生成前所未見的客製化迷因。

三、包括 IBM、McCormick 在內的企業，都在使用人工智慧演算法，依據使用者喜好，開發獨特的新料理。

四、Interior Flow 之類的平台使用人工智慧演算法，依據使用者喜好與空間限制，生成客製化的室內設計圖。它也能生成虛擬模型與虛擬導覽，徹底改變了售屋與裝潢的方式。

五、Prefarabli 使用人工智慧演算法，依據使用者喜好的酒款，產生個人化的酒品推薦清單（是我最愛用的應用程式之一）。

整體而言，有了這些人工智慧工具，各種精采的創意表現與個人化就有可能實現。隨著人工智慧科技持續演進，未來可望出現更多創新又新鮮的工具，助我們發揮創造力與潛力。這些工具從視覺媒體與商標，到聲音效果與影片創作，能以無數的方式提升我們的生活，助我們實現構想。

就在我即將完成這本書的書稿之際，Google Chrome 的 ChatGPT 擴充功能已越來越普及。這些擴充功能包括：

■ WebChatGPT：ChatGPT 可在網路上搜尋最新資訊，連同正規的回答一起呈現給使用者。你甚至還能用篩選器，得到符合你需求的結果。

- ChatGPT for Google：將 ChatGPT 的答案，連同 Google 搜尋結果一起呈現，你就不必切換網頁標籤。
- YouTube Summary with ChatGPT：ChatGPT 提供 YouTube 影片字幕的簡短摘要，幫你節省時間。
- tweetGPT：將 ChatGPT 整合至推特，依據你選擇的語氣生成推文。

這本書的書稿即將送印之際，我們突然必須「先停止印刷」，因為 OpenAI 宣布推出 ChatGPT 的外掛程式（使用 GPT4）。使用者可以即時存取網際網路，使用包括 OpenTable（餐廳）與 Expedia（旅遊）在內的現有應用程式的功能。只要提出類似下列的提示，就能得到更優質、更正確，也更實用的結果：

範例提示：我目前住在墨爾本的某旅館。請幫我找三家位於旅館附近、可接受星期五晚上七點二人訂位的高檔餐廳。

這本書印刷的時候，市面上共有超過一百二十款外掛程式，包括：

- Instacart：可回答料理、餐點規畫等問題。
- Expedia：助你實現旅遊計畫。
- OpenTable：搜尋餐廳並查詢可否訂位。
- Speak：學會用另一種語言說任何話。
- Playlist：依據使用者提示，生成 Spotify 播放清單。

等一下，還有其他的呢！現在還有一款 ChatGPT 手機應用程式，含有語音轉文字功能。這可是翻天覆地的創新，因為你可以直接在應用程式說出提示，省下更多時間！

現在你熟悉了基本操作，在你的人工智慧／ChatGPT 助你提升生產力之旅的下一站，不妨研究一下這些功能，因為這些功能都能簡化程序，讓你迅速得到最佳答案。

這些擴充功能與應用程式不僅安裝方便，也容易使用，能帶給你更上一層樓的 ChatGPT 使用體驗。

你在發掘創意的路上繼續前行，別忘了隨身攜帶 ChatGPT。要隨時了解 ChatGPT 的變化與新用途。試試它的各種功能，看看它能否將你的創造力與生產力帶往新境界。說不定會有意外的驚喜！

有了 ChatGPT，你就再也不必每天長時間綁在辦公桌前，也不會壓力巨大又過勞。而是會找到工作與生活之間的平衡，還能享有更多時間，真正品味生活當中的簡單樂趣。

有了 ChatGPT，你就不會再拿「我很忙」當藉口，而且終於會有時間，將你的身心健康放在第一位。不必犧牲工作，也有充裕的時間照顧自己，追逐夢想。

所以還等什麼呢？如果你還沒開始，那現在就開始使用 ChatGPT，踏出減少工作時間，挪出時間做真正重要的事的第一步。

一點建議

多年前，我任職於一家電信公司。公司在當時是電子商務界的龍頭，是個欣欣向榮的高科技環境。

每天早上我進公司，按下電腦的開機按鈕，就去泡杯茶。我泡好茶回到座位，電腦的開機作業通常也即將完成。然後我就輸入密碼，還有時間看看語音信箱，跟同事打招呼，接著再看電子郵件。

我想，這些事情大概要花上十分鐘。你能想像現在還要花那麼多時間，等電腦開機嗎？我寫這本書所用的 Mac 電腦，開機時間不到一分鐘，但我有時還會等到不耐煩，用指甲敲著桌子。

我們與時間的關係，近年來大有不同。隨著科技進步，生活步調越來越快，我們也越來越不耐煩等待。以往可以接受的等待時間較長，現在等待超過幾分鐘，甚至幾秒鐘就會不耐煩了。

以前，在餐廳排隊等待用餐，或是排隊買電影票，是稀鬆平常的事情。我們不介意排隊半小時甚至更久，或許聊聊天，或許純粹享受當下的氣氛。現在有速食連鎖店，還有線上售票，所以等待區區幾分鐘，感覺都像等了一輩子。我們習慣了立即得到滿足，得不到就無法接受。

我相信，ChatGPT 與人工智慧，會大幅拉高我們對於速度的期待。我們現在不必花一、二個小時，精心雕琢電子郵件的遣詞用字，而是立刻就能搞定。就連我寫這本書，所用的時間也遠比先前幾本書少。所以我往後寫書的時間若是太長，出版社就會感到不耐，可能也會將我的截稿日期提前。

我們還是要研究我在這本書一開頭問的問題：「你要如何運用空出來的時間？」

以前幾小時才能做完的事，現在幾分鐘就能做完。空出來的時間，你是不是只會用更多工作、更多活動來填滿，讓你的生活更加忙碌？

後疫情時代已經證明，天底下還有其他的工作模式：在家工作、在海外工作，以及其他種種混合模式。每週工作天數若能減少，例如改成每兩週工作九天，或是每週工作四天，那我們就真正擁有了做事更有效率的工具，也能享受更多休閒時間。

所以，我們應該要將 ChatGPT，視為工作方式的一種革新。不要錯過能將時間用於更好的機會。別讓 ChatGPT 變成另一個害你有更多會議要開的工具。

善用 ChatGPT，為自己爭取更多時間，給最重要的人、事物，以及活動。

顯而易見又被忽略的事實

你一邊看著這本書，一邊一定在想：她是不是用 ChatGPT，寫這一本討論 ChatGPT 的書？

答案是「是」……算是。

先別急著下定論，先聽我解釋。

首先，ChatGPT 並沒有幫我寫這本書。雖說它在寫作過程中，確實幫了我不少忙，但它只是我使用的眾多工具之一。其實，寫書過程中大部分的作業，都是大量編輯、修改 ChatGPT 幫我生成的內容。

我剛開始寫這本書的時候，出版社給我的作業時間是四星期。我以前寫書，要寫十二週才能達到等同這本書的質量，所以我知道，我需要外力提供一些構想與內容。我自行製作提示，得到了許多內容，作為這本書的結構。

但這就像房子，總不能住在空空的骨架裡吧！牆壁、地板、天花板，還有最後的修飾都得完備，才有最終產品。

使用 ChatGPT 寫作，並不是按下按鍵，然後一邊用銼刀銼指甲，一邊看著文字出現在網頁上那麼簡單。我花了很多時間潤飾 ChatGPT 生成的內容，調整成符合我的語氣與風格。我必須改寫某些不符合我的語氣與風格的字詞，加入我自己的色彩，這樣的成品才是我自己的作品。

當然，還要經過一番編輯、修訂。要打造一本真正吸引人、也可讀的書，ChatGPT 這樣的工具無論有多好用，也不可能取代人力。

我傾盡全力經營書稿（有時也陷入苦思），雕琢文句，收緊節奏，確認各章之間銜接流暢。

歷經以上種種努力，最終完成了我頗感自豪的一本書。我可以開誠布公地說，沒有 ChatGPT 幫忙，我不可能完成這本書。但也要記住，ChatGPT 雖說是個強大的工具，終究也只是個工具。

從很多角度來看，使用 ChatGPT 就像與一位才華洋溢的寫作夥伴合作。ChatGPT 給了我許多構想與靈感，我也得以用全新的方式寫作。但要想合作順利，夥伴之間必須互相遷就。ChatGPT 確實幫了我不少忙，但我也用了不少力氣，調整、潤飾它生成的內容。

這本書能誕生，終究還是要歸功於一整個團隊的人類的創造力、遠見，以及辛勞。這本書是由一位人類發想，一位人類擬定架構，一大群人類編輯，幾位人類律師審閱，一位人類設計封面，以及幾位人類安排行銷計畫。

所以，如果你想用 ChatGPT 之類的工具輔助寫作，我的建議是不妨試試，但不要太過依賴。要記得，一個寫作工具再怎麼好用，也無法取代你所能展現的創造力、熱忱與勤奮。

希望我的書能幫上忙。

祝你順利

唐娜

參考資料

前言

Noy S, Zhang W 2023, *Experimental evidence on the productivity effects of generative artificial intelligence*, Massachusetts Institute of Technology.

Burkeman O 2022, *Four thousand weeks: Embrace your limits. Change your life. Make your four thousand weeks count*, Vintage Publishing.

第一部　一探究竟

American Museum of Natural History n.d., Seminars on science: Albert Einstein, American Museum of Natural History, <https://www.amnh.org/learn-teach/seminars-on- science/about/faculty/albert-einstein>.

Ngo D 2010, 'Celebrating 10 years of GPS for the masses', CNet, <https://www.cnet.com/culture/celebrating-10-years-of-gps-for-the-masses/>.

第一章　什麼是 ChatGPT？

Power Digital 2018, 'Facebook advertising & news feed algorithm history', Power Digital, <https://

powerdigitalmarketing.com/blog/facebook-advertising-and-news-feed-algorithm-history/>.

Copeland BJ 2023, 'Artificial intelligence', Britannica, <https://www.britannica.com/technology/artificial-intelligence>.

OpenAI n.d., 'About', <https://openai.com/about/>.

Truly A 2023, 'GPT-4: how to use, new features, availability and more', Digital Trends, https://www.digitaltrends.com/computing/chatgpt-4-everything-we-know-so-far/.

Project Pro 2023, 'GPT3 vs GPT4 – Battle of the holy grail of AI language models', Project Pro.io, <https://www.projectpro.io/article/gpt3-vs-gpt4/816>.

OpenAI n.d., 'Improving language understanding with unsupervised learning', <https://openai.com/blog/language-unsupervised/>.

Buchholz K 2023, 'ChatGPT sprints to one million users', Statista, <https://www.statista.com/chart/29174/time-to-one-million-users/>.

Harwell D, Tiku N, Oremus W 2022, 'Stumbling with their words, some people let AI do the talking,' *The Washington Post*, <https://www.washingtonpost.com/technology/2022/12/10/chatgpt-ai-helps-written-communication/>.

Marcelline M 2023, 'Cybercriminals using ChatGPT to build hacking tools, write code', *PC Magazine*, <https://au.pcmag.com/security/98174/cybercriminals-using-chatgpt-to-build-hacking-tools-write-code>.

Kung TH, Cheatham M, Medenilla A, Sillos C, De Leon L, Elepaño C, et al. 2023, 'Performance of ChatGPT on USMLE: Potential for AI-assisted medical education using large language models', PLOS Digit Health, vol. 2, no. 2, p. e0000198.

Paul M 2023, 'When ChatGPT writes scientific abstracts, can it fool study reviewers?' Northwestern Now, <https://news.northwestern.edu/stories/2023/01/chatgpt-writes-convincing-fake-scientific-abstracts-that-fool-reviewers-in-study/#:~:text=Yes%2C%20scientists%20can%20be%20fooled,abstracts%20as%20being%20AI%20generated.>.

Somoye FL 2023, 'Can ChatGPT do my homework?' PC guide, <https://www.pcguide.com/apps/chat-gpt-do-homework/>.

第11章　好處與壞處

Brainy Quote n.d., Gray Scott quotes, Brainy Quote, <https://www.brainyquote.com/authors/gray-scott-quotes>.

Wolfram S 2023, What is ChatGPT doing... and why does it work?, Stephen Wolfram Writings, <https://writings.stephenwolfram.com/2023/02/what-is-chatgpt-doing-and-why-does-it-work/>.

Msravi 2022, 'ChatGPT produces made-up non-existent references', Hacker News, <https://news.ycombinator.com/item?id=33841672>.

Haggart B 2023, ‘Unlike with academics and reporters, you can’t check when ChatGPT’s telling the truth’, The Conversation, <ht tps://theconversat ion.com/unl ike-with-academics-and-reporters-you-cant-check-when-chatgpts-telling-the-truth-198463>.

Ramponi M 2022, ‘How ChatGPT actually works’, AssemblyAI, <https://www.assemblyai.com/blog/how-chatgpt-actually-works/>.

Hughes A 2023, ‘ChatGPT: Everything you need to know about OpenAI’s GPT-4 tool’, BBC Science Focus, <https://www.sciencefocus.com/future-technology/gpt-3/>.

Wikipedia, n.d., ‘Augustus’, <https://en.wikipedia.org/wiki/Augustus>.

Foley J 2023, ‘20 of the best deepfake examples that terrified and amused the internet’, Creative Bloq, <https://www.creativebloq.com/features/deepfake-examples>.

Webb M 2023, ‘Exploring the potential for bias in ChatGPT’, National Centre for AI, <https://nationalcentreforai.jiscinvolve.org/wp/2023/01/26/explor ing-the-potential-for-bias-in-chatgpt/>.

Heikkilä M 2023, ‘How OpenAI is trying to make ChatGPT safer and less biased’, MIT Technology Review, <https://www.technologyreview.com/2023/02/21/1068893/how-openai-is-trying-to-make-chatgpt-safer-and-less-biased/>.

Buolamwini J, Gebru T 2018, ‘Gender shades: Intersectional accuracy disparities in commercial gender classification’, First Conference on Fairness, Accountability and Transparency, Proceeds of Machine Learning Research, <https://proceedings.mlr.press/v81/buolamwini18a.html>.

Obermeyer Z, Powers B, Vogeli C, Mullainathan S 2019, 'Dissecting racial bias in an algorithm used to manage the health of populations', *Science*, vol. 366, no. 6464, pp. 447-53.

Mehrabi N, Morstatter F, Saxena N, Lerman K, Galstyan A 2019, 'Survey of bias in machine learning', arXiv preprint, < https://arxiv.org/abs/1908.09635>.

Chui M, Manyika J, Miremadi M 2018, 'What AI can and can't do (yet) for your business', McKinsey Quarterly, <https://www.mckinsey.com/capabilities/quantumblack/our-insights/what-ai-can-and-cant-do-yet-for-your-business>.

Frey CB, Osborne MA 2017, 'The future of employment: How susceptible are jobs to computerisation?' *Technological Forecasting and Social Change*, vol. 114, pp. 254-80.

Clellan-Jones R 2019, 'Robots to 'replace up to 20 million factory jobs' by 2030', BBC News, <https://www.bbc.com/news/business-48760799>.

Wikipedia n.d., 'Luddite', Wikipedia, <https://en.wikipedia.org/wiki/Luddite>.

Nunes A 2021, 'Automation doesn't just create or destroy jobs —it transforms them', *Harvard Business Review*, <https://hbr.org/2021/11/automation-doesnt-just-create-or-destroy-jobs-it-transforms-them>.

Kande M, Sonmez M 2020, 'Don't fear AI. It will lead to long-term job growth', World Economic Forum, <https://www.weforum.org/agenda/2020/10/dont-fear-ai-it-will-lead-to-long-term-

job-growth/>.

Vincent J 2023, 'Google's AI chatbot Bard makes factual error in first demo', *The Verge*, <https://www.theverge.com/2023/2/8/23590864/google-ai-chatbot-bard-mistake-error-exoplanet-demo>.

第三章　提示就是一切

Fox J 2014, *The Game Changer: How to use the science of motivation with the power of game design to shift behaviour, shape culture and make clever happen*, John Wiley & Sons.

Capulouto JD 2023, 'Should we be polite to ChatGPT?', Semafor, <https://www.semafor.com/article/03/10/2023/should-we-be-polite-to-chatgpt>.

@wtirabys 2023, 'Do you find it difficult to be rude to bots like ChatGPT', Twitter, <https://twitter.com/etirabys/status/16275 23326003363840?s=20>.

第二部　增強生產力

Warren T 2020, 'Apple's iPad change the tablet game 10 years ago today', *The Verge*, <https://www.theverge.com/2020/1/27/21083369/apple-ipad-10-years - launch-st eve-jobs-tablet-market>.

Venture Beat Staff 2012, '5 unexpected industry-specific iOS apps', *VentureBeat*, <https://venturebeat.com/mobile/speciality-industry-ipad-apps/>.

第四章　職場應用

Alberdi R 2021, The Lean Startup Methodology: 4 steps to risk-free success, The Power Business School Blog, <https://www.thepowermba.com/en/blog/lean-startup-methodology>.

Harwell D, Tiku N, Oremus W 2022, 'Stumbling with their words, some people let AI do the talking', *The Washington Post*, <https://www.washingtonpost.com/technology/2022/12/10/chatgpt-ai-helps-written-communication/>.

Yamada A, Droz K 2023, 'The ultimate guide to ChatGPT for online coaches', ChatGPT for coaches, <https://amyyamada.com/chat-gpt-for-coaches/>.

第五章　生活應用

O'Kane C, (2023), 'A college student asked ChatGPT to write a letter to get out of a parking ticket – and it worked', *CBS News*, <https://www.cbsnews.com/news/chat-gpt-write-letter-to-get-out-of-parking-ticket-college-student-uk-ai-technology-millie-houlton/>.

Harris C, Thomson A 2023, 'Can you tell between a year 6 student and AI? Teachers say they can', *Sydney Morning Herald*, <https://www.smh.com.au/national/nsw/can-you-tell-between-a-year-6-student-and-ai-teachers-say-they-can-20230120-p5ce5s.html>.

Siemens G 2023, 'ChatGPT: The AI tech that's revolutionising teaching', University of South

Australia, <https://www.unisa.edu.au/media-centre/Releases/2023/chatgpt-the-ai-tech-thats-revolutionising-teaching/>.

Gecker J 2023, 'Amid ChatGPT outcry, some teachers are inviting AI to class', *AP News*, <https://apnews.com/article/chatgpt-ai-use-school-essay-7bc171932ff9b994e04f6eaefc09319f>.

Telstra 2005, Telstra Ad: The Great Wall of China [video], Telstra, <https://www.youtube.com/watch?v=2yckqyg75oE>.

第六章　基本功能之外的應用

White MJ 2022, 'Top 10 most insane things ChatGPT has done this week', Springboard, <https://www.springboard .com/blog/news/chatgpt-revolution/>.

未來的發展

Sharma U 2023, '10 best ChatGPT Chrome extensions you need to check out', Beebom, <https://beebom.com/best-chatgpt- chrome- extensions/>.

中英名詞對照表

人物

山姆・阿特曼 Sam Altman
丹尼・里奇曼 Danny Richman
卡爾・賓士 Karl Benz
史蒂芬・金 Stephen King
伊隆・馬斯克 Elon Musk
伊麗莎白・埃門斯 Elizabeth Emens
安卓斯・阿西恩 Andres Asion
安東・豪斯 Anton Howes
艾弗雷德・瓦什隆 Alfred Vacheron
艾美・山田 Amy Yamada
艾倫・圖靈 Alan Turing
辛西婭・薩瓦德・索西爾 Cynthia Savard Saucier
亞里斯多德 Aristotle
邱吉爾 Winston Churchill
查爾斯・巴貝奇 Charles Babbage
約翰・梅納德・凱因斯 John Maynard Keynes
唐尼・皮爾希 Donnie Piercey
格雷・史考特 Gray Scott
班・惠特爾 Ben Whittle
荷馬・辛普森 Homer Simpson
傑森・法克斯 Jason Fox
凱薩琳・麥克萊倫 Catherine

McClellan
喬治・西蒙斯 George Siemens
奧古斯都皇帝 Augustus
奧克塔維婭・巴特勒 Octavia Butler
奧利佛・伯克曼 Oliver Burkeman
愛因斯坦 Albert Einstein
愛達・勒芙蕾絲 Ada Lovelace
赫伯特・喬治・威爾斯 H.G. Wells
歐普拉 Oprah
黛安娜・蓋伯頓 Diana Gabaldon
羅傑・迪納 Roger Deaner

電影／媒體

《二〇〇一太空漫遊》 *2001: A Space Odyssey*
《快公司》 *Fast Company*
《哈佛商業評論》 *Harvard Business Review*
《星艦迷航記》 *Star Trek*
《時間機器》 *The Time Machine*
《異鄉人》 *Outlander*
《富比士》 *Forbes*
《復仇者聯盟二：奧創紀元》 *Avengers: Age of Ultron*
《華盛頓郵報》 *Washington Post*
《駭客任務》 *The Matrix*
《魔鬼終結者》 *Terminator*

其他

大翅鯨　humpback whales

分析機　Analytical Engine

天空新聞台　Sky News

戈爾德　Gordes

牛羚　wildebeest

世界經濟論壇　World Economic Forum

出租大叔　Ossan Rental

北極燕鷗　arctic tern

末日狂刷　doom-scrolling

生成式預訓練轉換模型　generative pre-trained transformer

安永會計師事務所　Ernst & Young

西澳州　Western Australian

呂貝龍區　Luberon

希望島　Hope Island

決策疲勞　decision fatigue

系外行星　exoplanet

亞維農　Avignon

昆士蘭州　Queensland

南澳大學　University of South Australia

美國國家航空暨太空總署　NASA

差分機　Difference Engine

核分裂　nuclear fission

索爾格河畔利勒　L’Isle-sur-la-Sorgue

深度偽造　deepfake

通用圖靈機　Universal Turing Machine

博尼約　Bonnieux

復仇者聯盟　Avengers
塔斯馬尼亞州　Tasmania
新南威爾斯州　New South Wales
聖保羅德旺斯　Saint-Paul-de-Vence
詹姆斯韋伯太空望遠鏡　James Webb Space Telescope
預測下個令牌　Next token prediction
圖靈測試　Turing test
精實創業　Lean Startup
維多利亞州　Victorian
遮罩語言模型　Masked language modelling
澳洲安捷航空　Ansett
澳洲航空　Qantas

澳洲教育研究委員會　Australian Council for Educational Research
澳洲電信　Telstra
盧昂　Rouen
盧德份子　Luddites
鋼鐵人　Iron Man

THE CHATGPT REVOLUTION: HOW TO SIMPLIFY YOUR WORK AND LIFE ADMIN WITH AI
by DONNA MCGEORGE
This edition arranged with John Wiley & Sons, Inc., through BIG APPLE AGENCY, INC., LABUAN, MALAYSIA.

好好問 ChatGPT

問對問題，精確提示，讓生成式 AI 幫你構思工作新點子、規畫美好生活

作者　唐娜．麥克喬治（Donna McGeorge）
譯者　龐元媛
主編　劉偉嘉
校對　魏秋綢
排版　謝宜欣
封面　萬勝安
出版　真文化／遠足文化事業股份有限公司
發行　遠足文化事業股份有限公司（讀書共和國出版集團）
地址　231 新北市新店區民權路 108 之 2 號 9 樓
電話　02-22181417
傳真　02-22181009
Email　service@bookrep.com.tw
郵撥帳號　19504465 遠足文化事業股份有限公司
客服專線　0800221029
法律顧問　華洋法律事務所　蘇文生律師
印刷　成陽印刷股份有限公司
初版　2023 年 10 月
定價　380元
ISBN　978-626-97500-5-4

歡迎團體訂購，另有優惠，請洽業務部 (02)2218-1417 分機 1124

特別聲明：有關本書中的言論內容，不代表本公司／出版集團的立場及意見，由作者自行承擔文責。

國家圖書館出版品預行編目 (CIP) 資料

好好問 ChatGPT：問對問題，精確提示，讓生成式 AI 幫你構思工作新點子、規畫美好生活／唐娜．麥克喬治（Donna McGeorge）著；龐元媛譯．-- 初版．-- 新北市：真文化，遠足文化事業股份有限公司，2023.10
面；公分 --（認真職場；28）
譯自：The ChatGPT revolution : how to simplify your work and life admin with AI.
ISBN 978-626-97500-5-4（平裝）
1. CST: 人工智慧
312.83　　112015102